·高等学校计算机基础教育教材精选·

计算机应用基础
案例教程

王斌 袁秀利 主编   张聪 副主编

清华大学出版社
北京

内 容 简 介

本书根据教育部计算机基础课程教学指导分委员会提出的"大学计算机基础"课程教学大纲,并结合目前的教学现状以及教师们多年的教学经验编写而成。书中内容的组织采用一种全新的方法——案例驱动法展开。具体地讲,就是从案例入手,将案例涉及的相关知识技能点恰当地与案例相融合,使学生在学习过程中不但能够掌握相关的知识与技能,而且能够提升发现问题和解决问题的综合能力。

全书分为 8 章,主要内容包括计算机基础知识、Windows XP 操作系统、Word 2003 文字处理、Excel 2003 电子表格、PowerPoint 2003 演示文稿、计算机网络基础、Internet 应用基础和信息安全。

本书可以作为大学本科、专科的计算机基础教材。

图书在版编目(CIP)数据

计算机应用基础案例教程/王斌,袁秀利主编. —北京:清华大学出版社,2011.3
(高等学校计算机基础教育教材精选)
ISBN 978-7-302-24531-5

Ⅰ. ①计… Ⅱ. ①王… ②袁… Ⅲ. ①电子计算机-高等学校-教材 Ⅳ. ①TP3

中国版本图书馆 CIP 数据核字(2011)第 005115 号

责任编辑:白立军 王冰飞
责任校对:焦丽丽
责任印制:李红英

出版发行:清华大学出版社   地   址:北京清华大学学研大厦 A 座
         http://www.tup.com.cn   邮   编:100084
         社 总 机:010-62770175   邮   购:010-62786544
         投稿与读者服务:010-62795954,jsjjc@tup.tsinghua.edu.cn
         质 量 反 馈:010-62772015,zhiliang@tup.tsinghua.edu.cn
印 装 者:北京鑫海金澳胶印有限公司
经   销:全国新华书店
开   本:185×260   印   张:15.5   字   数:351 千字
版   次:2011 年 3 月第 1 版   印   次:2011 年 3 月第 1 次印刷
印   数:1~3000
定   价:28.00 元

产品编号:040023-01

出版说明

在教育部关于高等学校计算机基础教育三层次方案的指导下,我国高等学校的计算机基础教育事业蓬勃发展。经过多年的教学改革与实践,全国很多学校在计算机基础教育这一领域中积累了大量宝贵的经验,取得了许多可喜的成果。

随着科教兴国战略的实施以及社会信息化进程的加快,目前我国的高等教育事业正面临着新的发展机遇,但同时也必须面对新的挑战。这些都对高等学校的计算机基础教育提出了更高的要求。为了适应教学改革的需要,进一步推动我国高等学校计算机基础教育事业的发展,我们在全国各高等学校精心挖掘和遴选了一批经过教学实践检验的优秀的教学成果,编辑出版了这套教材。教材的选题范围涵盖了计算机基础教育的三个层次,面向各高校开设的计算机必修课、选修课,以及与各类专业相结合的计算机课程。

为了保证出版质量,同时更好地适应教学需求,本套教材将采取开放的体系和滚动出版的方式(即成熟一本,出版一本,并保持不断更新),坚持宁缺毋滥的原则,力求反映我国高等学校计算机基础教育的最新成果,使本套丛书无论在技术质量上还是文字质量上均成为真正的"精选"。

清华大学出版社一直致力于计算机教育用书的出版工作,在计算机基础教育领域出版了许多优秀的教材。本套教材的出版将进一步丰富和扩大我社在这一领域的选题范围、层次和深度,以适应高校计算机基础教育课程层次化、多样化的趋势,从而更好地满足各学校由于条件、师资和生源水平、专业领域等的差异而产生的不同需求。我们热切期望全国广大教师能够积极参与到本套丛书的编写工作中来,把自己的教学成果与全国的同行们分享;同时也欢迎广大读者对本套教材提出宝贵意见,以便我们改进工作,为读者提供更好的服务。

我们的电子邮件地址是:jiaoh@tup.tsinghua.edu.cn;联系人:焦虹。

清华大学出版社

　　随着计算机技术的普及，中小学的信息技术教育亦越来越普及，进而使得新进校门的大学生的计算机应用能力有了较大的提高。如何使学生更好地结合专业、进一步提高计算机的应用能力，成为近年来大学计算机基础教学改革的主题。

　　本书就是根据教育部计算机基础课程教学指导分委员会提出的"大学计算机基础"课程教学大纲，并结合目前的教学现状以及教师们多年的教学积累编写而成的。全书分为8章：第1章计算机基础知识、第2章 Windows XP 操作系统、第3章 Word 2003 文字处理、第4章 Excel 2003 电子表格、第5章 PowerPoint 2003 演示文稿、第6章计算机网络基础、第7章 Internet 应用基础、第8章信息安全。为了便于学习者有的放矢，每章的后面均提供了习题。为使主教材的内容连贯、精减，我们将习题置于《计算机应用基础实践教程》（本书姊妹篇）的附录中，供学习者自行查阅、学习。

　　本书的突出特点在于每章节以案例为驱动，提炼相关知识技能点。其内容涵盖了"大学计算机基础"课程教学大纲规定章节的全部知识点，目的在于为学生提供一种全新的学习方法——案例驱动法，使传统的"菜单式"学习变为生动、形象的案例学习。本书中，作者从案例入手，将涉及的相关知识技能点恰当地与案例相融合，使学生在学习过程中不但能够掌握计算机及其应用的基础知识和技能，而且能够提升在利用计算机工具从事本专业的学习和研究中发现问题和解决问题的综合能力。

　　本书由王斌、袁秀利任主编，张聪任副主编，王斌统稿，袁秀利负责整书框架的制定。其中，第1、2、8章由王斌、梅维安编写，第3章由王丹阳编写，第4章由张聪编写，第5章由史文红编写，第6、7章由武丽英编写。

　　由于本书案例的提出要具有典型性，所涉及的知识技能点较多，因此编写的难度较大；又由于时间仓促，书中定有诸多不足，恳请专家、教师及读者多提宝贵意见，以便于以后教材的修订。

作　者

2010 年 9 月

目录

第 **1** 章 计算机基础知识

本章学习目标

本章主要从计算机硬件系统、计算机软件系统、计算机内的数据表示以及计算机使用的语言几个方面概括介绍计算机的基础知识。通过对本章的学习,读者应基本做到以下几点:

- 了解计算机的发展、分类、特点和应用领域;
- 了解计算机的基本工作原理;
- 了解微型计算机硬件系统和软件系统的构成;
- 掌握评价微型计算机的主要性能指标;
- 掌握计算机中信息的表示和编码方法;
- 了解计算机使用的语言种类及其特点。

1.1 概　　述

在进入信息化社会的今天,"电子计算机"这个词几乎无人不知、无人不晓。但是,如果要问到计算机是怎样构成和工作的,计算机都能干些什么,恐怕能说清楚的人就不多了。

从历史发展的角度看,自世界上第一台电子计算机——ENIAC(Electronic Numerical Integrator and Computer,电子数字积分器和计算机)于 1946 年在美国宾夕法尼亚大学建成以来,它所采用的基本电子元器件经历了电子管、晶体管、中小规模集成电路和超大规模集成电路 4 个发展阶段。

到今天,计算机种类之繁多已不是几句话能够概括的,人们只能从某个角度去划分计算机的种类。例如,根据计算机的效率、速度、价格以及运行的经济性和适应性将计算机分为专用计算机和通用计算机,或根据运算速度、计算能力、输入输出的能力、数据存储量、指令系统的规模和价格将计算机分为巨型机、大型机、中型机、小型机、微型机和单片机等。

不论如何划分,计算机运算能力强、运行速度快、计算精度高、数据准确度高、具有超强的"记忆"能力和逻辑判断能力、自动化程度高这些特点已经越来越凸显。

计算机的迅猛发展,不仅开创了科学技术发展的新纪元,也极大地推动了人类社会的进步。今天,计算机已广泛应用于各个领域。例如,在科学研究和工程设计中进行大量复杂的高精度的数值计算、数理统计、方程求根、结构计算、模拟分析等;在航天飞机、宇航空间站发射、对接和测控,或代替人进行有害、危险工种的现场操作与控制等方面实时采集数据并进行处理,按最佳方式迅速地对控制对象加以控制;对大量的数据进行处理和管理;使用计算机辅助设计技术帮助人们进行汽车、船舶、建筑、化工、大规模集成电路以及计算机自身的自动化设计;进一步促进人工智能的发展;等等。

1.2 计算机系统的组成

1.2.1 计算机硬件系统

计算机系统是硬件系统和软件系统相结合的整体。其中,硬件系统是由电子类、机械类和光电类元件组成的计算机部件和设备的总称,是软件的实现平台;而软件系统是在计算机硬件设备上运行的各种程序、相关的文档和数据的总称。

1. 计算机硬件系统的基本组成

概括地讲,计算机硬件系统由运算器、控制器、存储器、输入设备和输出设备 5 个基本部分组成。

1) 运算器

运算器是计算机进行数据处理的核心部件,主要用于完成各种算术运算和逻辑运算。其主要构成部件有算术逻辑单元(Arithmetic Logic Unit,ALU)、全加器等。

2) 控制器

控制器是计算机进行控制管理的核心部件,主要用于向计算机的各个部件发出操作控制信号,指挥各个部件有条不紊地协调工作。

运算器和控制器合称中央处理器,即 CPU,是计算机的核心部件。CPU 和主存储器合称主机。

3) 存储器

存储器是用来存储程序和数据的部件,分为主存储器和辅助存储器两大类。

主存储器(又称为内存储器,简称主存或内存)用来存放现行程序的指令和数据,具有存取速度快的特点。按照存取方式可将其分为随机存储器(RAM)和只读存储器(ROM)两大类。其中,RAM 具有既能读亦能写、断电后信息即刻消失的特点;而 ROM 只能读取信息。

辅助存储器(又称为外存储器,简称辅存或外存)用来存放大容量的程序和数据,具有存储容量大、成本低、保存长久的特点。

4) 输入设备

输入设备接收用户输入的数据、程序或命令,然后将它们经接口传送到计算机的存储器中。常见的输入设备有键盘、鼠标、扫描仪、数字化仪、声音识别设备等。

5) 输出设备

输出设备将计算机程序的运行结果或存储器中的信息以用户所需要的方式经接口电

路送到计算机外部,提供给用户。常见的输出设备有显示器、打印机、绘图仪、音频输出设备等。

硬件系统的 5 个组成部分通过 3 组总线(地址总线、数据总线和控制总线)连接在一起,形成了一个分工协作的整体,即计算机的基本框架。

2. 计算机的基本工作原理及结构

1) 冯·诺依曼型计算机的基本组成

美籍匈牙利科学家冯·诺依曼(John von Neumann)在 1946 年提出了"存储程序思想",并依此原理设计了一个完整的现代计算机雏形,称为冯·诺依曼型计算机。到现在为止,所有的计算机结构仍然是在冯·诺依曼提出的计算机逻辑结构和存储程序概念的基础上建立起来的。

冯·诺依曼型计算机结构的主要特点如下:

(1) 计算机(指硬件)由运算器、控制器、存储器、输入设备和输出设备五大基本部件组成。

(2) 计算机内部采用二进制编码形式来表示指令和数据。

(3) 要执行的程序和要被处理的数据预先放入内存中,计算机能够自动地从内存中取出指令执行。

2) 计算机的基本工作原理

现代计算机的基本工作原理可以归纳为以下 3 个要点。

(1) 采用冯·诺依曼计算机结构模型。

(2) 计算机的工作过程就是运行程序的过程,而程序由指令序列组成,因此,运行程序的过程,就是执行指令序列的过程,即逐条地从存储器中取出指令并完成指令所指定的操作。

(3) 指令的执行过程由取指令、分析指令和执行指令 3 个基本步骤组成。确切地讲,计算机的工作过程,就是不断地取指令、译码和执行的过程,直到遇到停机指令时才结束。

3. 微型计算机及其硬件系统

近年来,由于大规模和超大规模集成电路技术的发展,微型计算机的性能飞速提高,价格不断降低,使用全面普及。

微型计算机系统的典型结构如图 1-1 所示,其硬件结构亦遵循冯·诺依曼计算机结构模型的基本思想。

1) 微处理器(也称微处理机,Microprocessor)

微处理器是组成微型计算机系统的核心部件,它具有运算和控制的功能。严格地讲,微处理器不等于 CPU,CPU 指的是计算机中执行运算和控制功能的区域,由运算器和控制器两大部分组成。把 CPU 和一组寄存器(Registers)集成在一片大规模集成电路或超大规模集成电路封装之后才被称为微处理器。

2) 微型计算机(Microcomputer)

微处理器的外部有数量有限的输入/输出引脚,并依靠这些引脚与其他逻辑部件相连接,配上存储器、输入输出接口电路及系统总线,就组成多种型号的微型计算机。把微处理器、存储器和输入输出接口电路统一组装在一块或多块电路板上或集成在单片芯片上,则分别称为单板机、多板机或单片微型计算机。微型计算机又简称微机。

3) 微型计算机系统(Microcomputer System)

微型计算机系统是指以微型计算机为中心,配以相应的外围设备、电源、辅助电路(统称硬件)以及指挥微型计算机工作的系统软件所构成的系统。

微型计算机如果不配有软件,通常称为裸机。

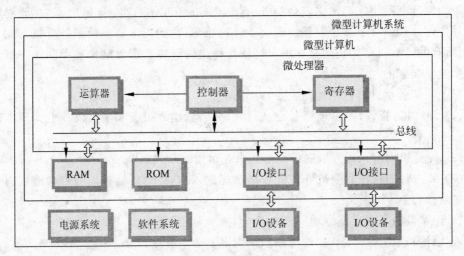

图 1-1 微型计算机系统的典型结构

4. 微型计算机的主要性能评价指标

1) 字长

字长是微处理器一次可以直接处理的二进制数码的位数,它通常取决于微处理器内部通用寄存器的位数和数据总线的宽度。微处理器的字长有 4 位、8 位、16 位、32 位和64 位等。

字长标志着计算精度,字长越长,它能表示的数值范围越大,计算结果的有效数位越多,精度也就越高。

2) 内存容量

通常,内存容量是以字节为单位计算的。位(bit)是计算机所能表示的最小、最基本的数据单位,它指的是取值只能为 0 或 1 的一个二进制数值位。位作为单位时记作 b。字节(Byte)由 8 个二进制位组成,通常用作存储容量的单位。字节作为单位时记作 B。常用的单位还有 KB、MB、GB、TB,它们之间的关系如下。

(1) K 是 Kelo 的缩写,$1KB=1024B=2^{10}B$。

(2) M 是 Mega 的缩写,$1MB=1024KB=2^{20}B$。

(3) G 是 Giga 的缩写,$1GB=1024MB=2^{30}B$。

(4) T 是 Tera 的缩写,$1TB=1024GB=2^{40}B$。

3）指令系统

不同的微处理器都有各自的指令系统。

一般来说，指令的条数越多，微处理器的功能就越强。而有些微处理器则是用适当减少指令条数而增加寻址方式的办法来维持指令的处理功能不致降低，以求得其他技术性能的改善。

4）运算速度

运算速度是微机性能的综合表现，是指微处理器执行指令的速度。由于执行不同的指令所需的时间不同，因而运算速度目前有以下 3 种计算方法。

（1）根据不同类型指令在计算过程中出现的频繁程度，乘上不同的系数，求得统计平均值，即平均速度。

（2）以执行时间最短的指令为标准来计算速度。

（3）直接给出每条指令的实际执行时间和机器的主频。

微处理器的运算速度以 MIPS 为单位，它是微处理器运行速度的一种度量方式，表示微处理器在 1 秒内可执行多少百万条指令。

主频也叫做时钟频率，用来表示微处理器的运行速度，主频越高表明微处理器运行越快，主频的单位是 MHz。外部总线频率通常简称为外频，它的单位也是 MHz，外频越高说明微处理器与系统内存交换数据的速度越快，因而微型计算机的运行速度也越快。

倍频系数是微处理器的主频与外频之间的相对比例系数。

通过提高外频或倍频系数，可以使微处理器工作在比标准主频更高的时钟频率上，这就是所谓的超频。

5）iCOMP 指数

iCOMP 指数是衡量 Intel 系列微处理器性能的综合指数。它的度量方式是 16 位整数运算占 53%，16 位浮点数运算占 2%，32 位整数运算占 15%，16 位图形处理占 10%，32 位浮点数运算和图形处理、16 位及 32 位图像处理这 4 项各占 5%，各项根据 Intel 公司所设计的公式计算，最后得出 iCOMP 值。

1.2.2 计算机软件系统

1. 什么是计算机软件

计算机软件是指为方便使用计算机和提高使用效率而组织的程序以及用于开发、使用和维护的有关文档的集合。计算机软件是用户与计算机硬件之间的桥梁，其主要作用如下：

（1）资源的控制与管理，提高计算机资源的使用效率，协调计算机各组成部分的工作。

（2）在硬件的基础上，扩充计算机的功能，增强计算机实现和运行各类应用程序的能力。

（3）尽可能向用户提供方便、灵活的计算机操作界面。

（4）为专业人员提供计算机软件的开发工具和环境，提供对计算机本身进行测试、维护和诊断等所需的工具。

（5）为用户完成特定应用的信息处理任务。

实际上，组成计算机的硬件可以影响计算机的功能；同样，计算机所配有的软件也可以影响计算机的功能。从对计算机功能的影响的意义上讲，硬件和软件的作用是相同的。而且，现在市场销售的计算机系统，没有一台是不带任何软件的"裸机"。所以，软件是微型计算机系统中不可缺少的组成部分。

2. 计算机软件的分类

计算机的软件可以分成两大类，即系统软件和应用软件，如图 1-2 所示。

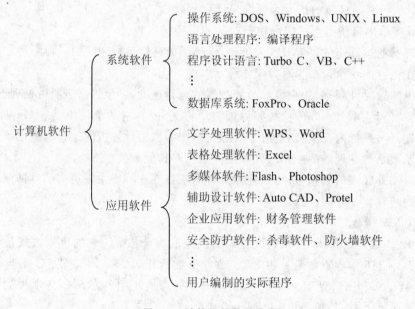

图 1-2　计算机软件的分类

1）系统软件

系统软件在计算机软件系统中最靠近硬件。计算机一旦运行这些程序，即可为其他软件的开发、调试、运行、监控等提供一个良好的环境。系统软件通常包括操作系统、网络服务、数据库系统、程序设计语言等。

操作系统（Operating System）是最基本的系统软件，是整个计算机系统的控制管理中心，是用户在使用计算机时最先"打交道"的软件，是人和计算机进行交互的接口或界面。其主要任务是统一控制、调度和管理计算机硬件和软件资源，具有 CPU 的控制与管理、内存的分配和管理、外部设备的控制和管理、文件的控制和管理及作业的控制和管理等基本功能。操作系统的分类方法有很多，按照系统提供的功能一般分为单用户操作系统、批处理操作系统、实时操作系统、分时操作系统和网络操作系统；按其功能和特性分为批处理操作系统、分时操作系统和实时操作系统；按系统可同时管理用户数的多少分为单用户操作系统和多用户操作系统。

2）应用软件

应用软件是用户为解决自己的特定问题而设计或购买的程序,可以分为两类:一类是针对某个应用领域的具体问题而开发的软件;另一类是一些软件公司开发的通用型应用软件。

1.3　信息在计算机内部的表示

1.3.1　数值数据的表示

在计算机中,数值型数据的编码有若干种形式。

1. 二进制数据表示

尽管人类早已习惯使用十进制系统,但是在计算机内部采用的却是二进制系统。这主要是因为二进制系统具有以下优越性:

（1）运算简单。

（2）硬件易实现。要表示二进制数据,只需要逻辑元器件具有两个稳定状态。例如,电流的导通与阻塞、开关的接通与断开、脉冲的有与无、电压的高与低、电灯的亮与灭等。这两种状态正好用于表示二进制数中的 0 和 1。反之,用逻辑元器件的状态表示十进制数的 10 个数码则是很困难的。

（3）工作可靠。二进制数在数据传送和处理过程中不容易出错,从而使工作安全可靠。

（4）逻辑性强。计算机的工作原理基于逻辑代数的思想,而二进制的两个数码 1 和 0,正好代表逻辑代数中的"真"和"假"。

由于二进制数据只有 0 和 1 两个符号,所以其进位基数为 2。

对于算术运算,加法的运算规则是"逢二进一",减法的运算规则是"借一当二"。二进制乘法运算可归结为"加法与移位"操作,二进制除法运算可归结为"加减交替法与移位"操作。

对于逻辑运算,二进制数位与位之间无"权"的内在联系。两个逻辑数据进行运算时,位与位之间相互独立。运算是按位进行的,不存在算术的进位与借位,运算结果也是逻辑数据。

2. BCD 码（Binary-Coded Decimal）

BCD 是用二进制编码表示的十进制数,即二—十进制。二进制与十进制的对应关系,是将十进制数直接用 4 位二进制求位并按二进制的位权分配各位数值的大小,形成二进制数的 0000～1111。但是,由于十进制数只有 10 个基数,因而 BCD 码只取二进制数的前 10 个,即二进制数的 0000～1001。

常见的"8421"BCD 码（简称 8421 码）,从高位起各位权分别是 2^3、2^2、2^1、2^0,即 8、4、

2、1。如果未加特别说明，一般所讲的 BCD 码就是指 8421 码。此外，常见的 BCD 码还有余 3 码、2421 码、格雷(Gray)码等。

1.3.2 字符数据的表示

1. 英文字符的表示

在计算机中，不仅是数字，其他所有的字符数据、影音影像数据都是用二进制数来表示的。所谓字符数据通常是指字符、字符串、图形符号和汉字等，它们通常不用来表示数值的大小，因此又称为非数值型数据，一般情况下不对它们进行算术运算。

长期以来，存在各种字符编码，难于统一，为此美国国家标准局提出了一套编码方案，叫做 ASCII 码(American Standard Code for Information Interchange，美国信息交换标准代码)。它收录了 128 个基本字符，其中包括数字 0~9，英文大小写字母，一些运算符号如＋、－、＊、/和一些常用符号如 $、%、♯ 等。

常见的 ASCII 码用 7 位二进制表示一个字符，简称 ASCII-7 码。它用一个字节右边的 7 位表示不同的字符代码，而左边的最高位可以用作奇偶校验位，或用于西文和汉字的区分。为了便于记忆，ASCII 码表中的 ASCII 码值(即字符排列位置)是有一定规律的，其中：

- 控制码：00H~1FH；
- 数字：30H~39H；
- 大写字母：41H~5AH；
- 小写字母：61H~7AH；
- 其他代码为符号。

2. 汉字字符的表示

汉字是方块字，其结构千变万化，要将它输入计算机且显示出来，确实是一个难题。经过我国几代科研工作者的努力，这个问题已被解决。人们习惯用点阵方案来表示汉字，1981 年，我国制定了"中华人民共和国国家标准信息交换汉字编码"，代号为 GB 2312—80，这种编码称为国标码，是所有汉字编码都必须遵循的一个共同标准。

1993 年，为便于和加强国际间信息交流，我国制定了新的汉字编码标准 GB 13000.1—1993，国际上称为 ISO/IEC10646，这种编码用 3 个字节表示一个汉字，汉字编码容量大大增加，最大的特点是包括了中、日、韩等许多国家的文字。

1.3.3 多媒体信息的表示

1. 基本概念

1) 多媒体信息

多媒体信息是指文字、声音、图形、图像、动画和视频等多种媒体信息的组合。计算机能够处理的多媒体信息从时效上可分为两大类：静态媒体信息（文字、图形、图像）和动态媒体信息（声音、动画、视频等）。

2）多媒体技术

多媒体技术可简单理解为一种以交互方式将文字、声音、图形、图像、动画和视频等多种媒体信息，经过计算机设备的获取、操作、编辑、存储等综合处理后，以单独或合成的形态表现出来的技术和方法。

3）多媒体计算机

多媒体计算机一般是指能够综合处理文字、声音、图形、图像、动画和视频等多种媒体信息，并在它们之间建立逻辑关系，使之成为一个交互式系统的计算机。它融高质量的视频、音频、图像等多种多媒体信息的处理于一身，并具有大容量的存储器，能给人们带来一种文、声、图、像并茂的视听感受。

2. 多媒体关键技术

1）数据压缩技术

包括声音、图像、视频等的媒体信息数据量通常都很大，有些甚至惊人。在多媒体系统中，为了达到令人满意的视听效果，需要使用数据压缩技术来解决音频、视频数据的大容量存储和实时传输的问题。目前，国际上的压缩/解压缩技术采用统一标准：数字化音频压缩为 CD 格式，而视频经过数字化输入、编码压缩/还原和同步显示处理后，其静态图像的压缩编码方案为 JPEG（单色图像的压缩比为 10∶1，彩色图像的压缩比为 15∶1），全运动视频图像的压缩编码方案为 MPEG（压缩比为 50∶1）。

2）存储管理技术

管理庞大的多媒体信息是多媒体的另一个关键技术，目前使用多媒体数据库进行管理。

3）软件发展技术

交互式操作界面为使用者提供了方便的使用环境，也是促进多媒体成功的关键技术之一。近年来，在软件设计技术方面已逐步采用物件导向式设计。

3. 多媒体信息的表示

1）声音信息

各种声音信息必须转换成数字信号并经过压缩编码，计算机才能接收和处理。这种数字化的声音信息以文件形式保存，被称为音频文件或声音文件。

多媒体计算机中的音频文件常有两大类：WAVE 文件和 MIDI 文件。

计算机通过声卡对真实声音进行采样编码，形成记录数字化声波的 WAVE 格式的声音文件，称为波形文件（或 WAVE 文件）。WAVE 文件的大小由采样频率、采样位数和声道数决定。

MIDI 文件是在音乐合成器、乐器和计算机之间交换音乐信息的一种标准协议，是一种能够发出音乐指令的数字代码，它记录的是 MIDI 合成器发音的音调、音量、音长等信息。

2）图像信息

图像是静态的可视元素，根据生成方法，在计算机中可分为位图和矢量图两类。

位图由一系列像素组成，每个像素用若干个二进制数位来指定它的颜色深度。若图像中的每一个像素只用一位二进制数来存放，则生成单色图像；若用多位（n位）二进制数存放，则生成彩色图像，且颜色的数目为 2^n。常见的位图文件格式有 BMP、GIF、JPEG、TIFF 和 PSD 等。

与位图文件的生成方法不同，矢量图采用的是一种计算方法或算法，它存放的是图形的坐标值。这种方法生成的图像存储量小、精度高，但显示时要先经过计算方能转换成屏幕上的像素。矢量图文件的类型有 CDR、FHX 和 AI 等，一般直接用专用软件制作。

3）视频信息

视频是动态图像或活动影像，当多幅连续的图像以 25 帧/s 的速度匀速播放时，人们就会感到它是活动的影像。视频图像一般分为动画和影像视频两类，分别称为动画文件和视频文件。常见的视频文件有 AVI、MOV、MPG 和 DAT 等。

若计算机中安装了视频采集卡，则可以很方便地将录像带或摄影机中的动态影像转化为计算机中的视频信息。利用捕捉软件，可录制屏幕上的动态显示过程，或将现有的视频文件以及 VCD 电影中的片断截取下来。另外，利用 Windows XP 附件提供的 Movie Maker 或其他专业的视频编辑软件（如 Adobe Premiere）也可以对计算机中的视频文件进行编辑处理。

1.4 计算机使用的语言

编写计算机程序所用的语言是人与计算机进行交流的工具，一般分为机器语言、汇编语言和高级语言三大类。

1. 机器语言

机器语言是和计算机的硬件设计同时产生的，是计算机系统能够识别的、不需要翻译而直接供计算机使用的程序设计语言。机器语言中的每一条指令实际上是二进制形式的指令代码，它由二进制形式的操作码和操作数两部分组成，其指令的二进制形式代码随机器的不同而不同，所以机器语言不具有通用性。人们一般不用机器语言编写程序。

2. 汇编语言

由于机器语言烦琐、单调，难以看懂，给使用和记忆都带来很多困难。所以，人们对它进行了改进，赋予每条指令一个名称，这种指令码的名称叫"助记符"，采用助记符的语言就是汇编语言。

汇编语言是一种面向机器的程序设计语言，它是为特定的计算机或计算机系列设计的符号语言。每条汇编语言的指令就对应一条机器语言的二进制形式代码，不同型号的计算机系统具有完全不同的汇编语言指令集。由于计算机硬件只能识别并执行机器指令,因此,对于用助记符表示的汇编语言,必须经过汇编及连接后才能由计算机执行。

3. 高级语言

汇编语言虽然比机器语言便于记忆和书写,但还是有许多不足,如功能有限、编程工作繁重而费时、依赖处理器,这些都限制了汇编语言的应用范围。因此,又导致了高级语言的诞生。

高级语言采用十进制数据表示,语句用较为接近自然语言的英文表示,它们比较接近人们早已习惯的自然语言和数学表达式,故而称为高级语言。高级语言具有高度的通用性,尤其是有些标准版本的高级语言,在国际上都是通用的。这样,由高级语言编写的程序能用在不同的计算机系统中。由于计算机并不能直接识别和执行高级语言编写的程序,因此,首先用一种翻译系统将高级语言翻译成计算机可以识别和执行的二进制机器指令,然后由计算机执行。

本 章 小 结

本章主要从计算机硬件系统、计算机软件系统、信息在计算机内部的表示、计算机使用的语言等方面概要介绍了计算机的基础知识。在计算机硬件基础知识中概述了人们对计算机硬件系统的认识、计算机硬件系统的基本组成、计算机的基本工作原理及结构、微型计算机及其硬件系统、微型计算机的主要性能评价指标;在计算机软件基础知识中概述了计算机软件的定义及计算机软件的分类;概述了数值数据、字符数据及多媒体信息在计算机内部的表示形式;概述了计算机使用的语言。

通过对本章的学习,读者应在基本了解计算机的发展、分类、特点和应用领域,了解计算机的基本工作原理,了解微型计算机硬件系统和软件系统的构成,了解计算机使用的语言种类及其特点的基础上,掌握衡量微型计算机主要性能的评价指标,掌握计算机中信息的表示和编码方法。

第2章 Windows XP 操作系统

本章学习目标

本章首先介绍 Windows XP 操作系统的基本硬件配置，Windows XP 的启动与退出，Windows XP 的桌面、窗口、菜单、帮助系统，鼠标和键盘操作等内容；之后，主要通过 5 个案例来具体介绍 Windows XP 操作系统的基本功能及操作技能。通过对本章的学习，读者应基本做到以下几点：

- 掌握操作系统的基本概念及功能；
- 熟练掌握 Windows XP 操作系统的特点和运行环境；
- 熟练掌握 Windows XP 的桌面、窗口、菜单的相关属性及其相关操作技能；
- 熟练掌握鼠标和键盘的使用方法；
- 熟练掌握 Windows XP 帮助系统的使用；
- 熟练掌握 Windows XP 的桌面管理、文件管理、系统设置、磁盘管理及附件使用等基本操作方法。

2.1 Windows XP 简介

Windows XP 是建立于 Windows NT 技术之上的一个纯 32 位、多任务、支持虚存功能的操作系统。字母"XP"表示"体验"（experience）。

2.1.1 Windows XP 的基本硬件配置

运行中文 Windows XP 系统需要具有如下的基本硬件配置，如表 2-1 所示。

表 2-1　Windows XP 的基本硬件配置

硬　件	基 本 配 置	建 议 配 置
CPU	233MHz x86 兼容	300MHz 以上 x86 兼容
内存	64MB	128MB 或更高
硬盘安装空间	1.5GB 空间或分区	5GB 以上空间
运行空间	200MB	500MB 以上
显示卡	标准 VGA 卡或更高分辨率的图形卡	支持硬件 3D 的 32 位真彩色显示卡

2.1.2 Windows XP 的启动与退出

1. 启动 Windows XP

（1）打开显示器。

（2）打开主机电源，系统进入自检状态，完成后出现启动界面，选择用户名并输入密码（如果设置了密码），按 Enter 键后即可进入 Windows XP 系统。

2. 关闭 Windows XP

（1）单击【开始】按钮，或按 Ctrl＋Esc 键，打开【开始】菜单，选择"关机"选项，打开"关闭 Windows XP"对话框。

（2）在"关闭 Windows XP"对话框中，可执行 4 种操作，即待机、关闭、重新启动和取消。

- 待机：系统将进入等待开、关机状态。
- 关闭：系统将关闭正在运行的所有应用程序，并清除所建立的临时文件。
- 重新启动：系统将在关闭所有应用程序后自动进行热启动。
- 取消：系统将取消此次关机操作。

2.1.3 Windows XP 的桌面

启动 Windows XP 后显示的整个屏幕即为桌面，如图 2-2 所示。如果计算机未设置开机密码，则系统直接进入图 2-2 所示的 Windows XP 桌面；如果设置了开机密码，则系统显示的第一幅画面是登录界面，如图 2-1 所示，用户需在密码框内输入密码，按 Enter 键后方可进入 Windows XP 桌面。

图 2-1　Windows XP 登录界面

图 2-2 所示的桌面主要由背景画面、桌面图标、【开始】按钮、快速启动栏、任务栏、语言栏和通知栏 7 部分组成。

【开始】按钮　快速启动栏　　　　　　任务栏　　　　　　　语言栏　通知栏

图 2-2　Windows XP 的桌面

1. 背景画面

背景画面类似于桌面上的桌布，可以由用户根据自己的喜好设置，对操作系统的功能没有任何影响。

2. 桌面图标

桌面图标通常由代表 Windows XP 的各种组成对象的小图标及文字说明组成，常见的有【我的电脑】、【我的文档】、【网上邻居】、【回收站】等。

【我的电脑】通常位于桌面的左上角，双击该图标可浏览本计算机上的所有资源。

【我的文档】是 Windows XP 系统预先设置的一个文件夹，它用于保存用户编辑和使用的文件夹，其内容包括画图、写字板、Office 等。

【网上邻居】展示的是与本机相连的网络中的其他计算机。

【回收站】用来存放用户删除的文件或文件夹。在 Windows 系统中，当用户使用单一的"删除"功能删除文件或文件夹时，系统并未将其彻底删除，而是加上删除标记，并存放在回收站中，这为删除操作提供了一道安全防线。如经过一段时间后，确认这些删除的文件或文件夹已无用处，可在回收站中手工清除，否则可从回收站中将其恢复到原位置。

3. 【开始】按钮

【开始】按钮是运行 Windows XP 的入口，位于桌面的左下角，用来打开 Windows XP

中的所有应用程序,其中包括用户可以使用的所有操作系统工具软件和用户自己安装的应用程序。

4. 快速启动栏

一般情况下,人们把常用的程序图标复制到这里,以方便快速地启动该程序。一些应用程序在完成安装后也会自动在此栏生成快速启动图标。

快速启动栏可以通过"显示属性"对话框中"桌面"选项卡中的"自定义桌面"加以设置。

5. 任务栏

任务栏位于 Windows XP 桌面最下方的中间处,用于放置当前已启动程序的最小化窗口。

6. 语言栏

语言栏显示目前使用的语言及文字输入法。按 Ctrl＋Space 键可以实现中、英文间的切换,按 Ctrl＋Shift 键可以实现中文不同输入法间的切换,按 Shift＋Space 键可以实现全角/半角切换。

7. 通知栏

通知栏位于 Windows XP 桌面的右下角,有音量控制器、系统时间、外部存储器使用标识等。

2.1.4　Windows XP 的窗口

运行一个程序或打开一个文档,Windows XP 系统都会在桌面上开辟一块矩形区域用以展示相应的程序或文档,这个矩形区域就称为窗口。窗口可以打开、关闭、移动和缩放。

1. Windows XP 窗口的组成

如图 2-3 所示为一个典型的 Windows XP 窗口。

2. 窗口的分类

根据窗口的性质,可以将窗口分为应用程序窗口、文档窗口和对话框 3 类。

1) 应用程序窗口

应用程序窗口是运行程序或打开文件夹时出现的窗口,可以在桌面上自由移动,并可最大化或最小化,一般由标题栏、菜单栏、工具栏、地址栏、状态栏、窗口工作区等组成。

2) 文档窗口

文档窗口存在于应用程序窗口内,是应用程序运行时所调入的文档的窗口。文档窗口只能在应用程序窗口内完成最大化、最小化、移动、缩放等操作。文档窗口共享应用程序窗口中的菜单栏。

图 2-3　Windows XP 窗口

3）对话框

在 Windows XP 的菜单命令中,命令项后面带有省略号(…)表示该命令被选定后会在屏幕上弹出一个特殊的窗口,在该窗口中列出了该命令所需的各种参数、项目名称、提示信息及参数等可选项,这种窗口称为对话框。对话框主要用于人与系统之间的信息交流。通过对话框用户不仅可以应答系统提出的诸如口令、文件名等问题,也可以对系统的硬件和软件进行设定、对各种属性进行修改。

对话框中各组成元素的作用如表 2-2 所示。

表 2-2　对话框中各元素的作用

元　素	作　用
标题	对话框的工作主题
标签	通过单击不同的标签,可以在动态对话框中切换不同的选项卡
列表框	显示多个选项,由用户选定其中一项。当选项不能一次全部显示在列表框中时,系统会提供滚动条帮助用户快速查找
下拉列表框	单击下拉列表框右侧的下三角按钮,可以打开下拉列表,显示所有选项。列表关闭时,框内所显示的就是选定的信息
文本框	可以在其中输入文字信息
微调框	可以单击右边的上下箭头改变数值的大小,也可以直接在框内输入数值
复选框	单击某选项表示选定或取消该项,"√"表示选定。可以选定一组中的多个选项
单选按钮	是一组相互排斥的选项,即在一组选项中选择一个,且只能选择一个,被选定的按钮中心出现一个圆点

计算机应用基础案例教程

元　素	作　用
标尺与游标	标尺与游标用来控制那些不能用整型数描述的数值量,用鼠标在标尺上拖动游标,可以改变这个数值量的大小
命令按钮	单击一个命令按钮即可执行一个命令。如果一个命令按钮呈灰色,则表示该按钮是不可选的;如果一个命令按钮后跟有省略号(…),则表示打开另一个对话框。对话框中常见的是矩形带文字的命令按钮
帮助按钮	单击这个按钮,然后再单击要了解的项目,即可获得有关项目的信息
关闭按钮	单击这个按钮,关闭对话框

3. 窗口的操作

1) 窗口的移动

将鼠标指向窗口的标题栏后直接拖动,即可将窗口移动到指定的位置。

2) 窗口的缩放

单击"最大化/还原或最小化"按钮可以实现窗口的最大化或最小化;将鼠标指针指向窗口的边缘或任意一个角,当鼠标指针变成双向箭头的形状时,拖动鼠标就可以改变窗口的大小。

3) 窗口的切换

当多个窗口同时打开时,单击要切换到的窗口中的某一点,或单击要切换到的窗口的标题栏,或在任务栏上单击对应窗口的按钮,均可以实现窗口的切换。按 Alt＋Tab 键也可以实现窗口的切换。

4) 窗口的排列

在桌面上排列窗口可以有两类:层叠窗口和平铺窗口。在任务栏的空白处单击鼠标右键,会弹出快捷菜单,选择"层叠窗口"命令,可以使窗口纵向排列且每个窗口的标题栏均可见;选择"横向平铺窗口"或"纵向平铺窗口"命令,可以使每个打开的窗口均可见且均匀地分布在桌面上。

2.1.5　Windows XP 的菜单

Windows XP 中的菜单是一种用结构化方式组织的操作命令的集合。Windows XP 菜单一般包括【开始】菜单、下拉菜单、快捷菜单和控制菜单等。

- 【开始】菜单:包含系统可使用的大部分程序和最近用过的文档。
- 下拉菜单:包含应用程序本身提供的各种操作命令。
- 快捷菜单:单击鼠标右键弹出的快捷菜单中包含了对某一对象的多种操作命令。
- 控制菜单:用鼠标单击窗口左上角的控制按钮,或在标题栏上单击右键都会弹出控制菜单,菜单中包含对窗口本身的控制与操作命令。

在 Windows XP 的菜单命令中有一些约定的标记,表 2-3 给出了这些标记的含义。

表 2-3　Windows XP 菜单命令中约定标记的含义

表 示 方 法	含　　义
高亮显示项	表示当前选定的命令
暗淡显示项	当前不能使用的菜单选项
快捷键	可以直接按键选择的命令,如 F4、Ctrl+C 等
命令前有√标记	选定标记,具有开关功能。有标记,表示该命令正在起作用,再次单击该命令,标记消失,表示取消选定
命令前有·标记	选项标记,表示在并列的几个选项中,当前选定的选项
命令后有…标记	省略标记,表示选定该命令后将弹出对话框,输入进一步的信息后方可执行命令
命令后有▶标记	下一级菜单标记,表示选定该命令将会打开一个级联菜单
≈或✕标记	菜单缩略标记,单击或指向该标记可展开菜单
组合键	位于菜单项的后面

2.1.6　鼠标和键盘的操作

1. 鼠标操作

在 Windows XP 中,鼠标操作是最基本的操作。鼠标指针一般称为光标,当鼠标在平面上移动时,光标也就在屏幕上作相应的移动,并将光标所在位置的 X、Y 坐标值送入计算机。

通常鼠标操作有以下几种。

- 选择:移动鼠标,使鼠标箭头指向目标。
- 单击:单击鼠标左键,用来选择一个目标,如文件、菜单命令等。一般可以用于激活目标或显示工具提示信息。
- 双击:双击鼠标左键,一般用来启动一个应用程序或窗口。
- 右击:单击鼠标右键,通常用来打开快捷菜单。
- 拖动(曳):单击目标,按住左键,移动鼠标,在另一个位置释放鼠标左键。

2. 键盘操作

在某些特殊场合,使用键盘操作可能要比使用鼠标操作来得方便,用得最多的键盘命令形式多以组合键出现。Windows XP 的常用快捷键如表 2-4 所示。

表 2-4　Windows XP 的常用快捷键

快　捷　键	功　　能
F1	打开帮助
F2	重命名文件或文件夹
F3	搜索文件或文件夹

快 捷 键	功　　能
F5	刷新当前窗口
Alt＋F4	关闭当前窗口或退出应用程序
Alt＋Tab	在当前打开的各窗口之间进行切换
Alt＋Enter	让 DOS 程序在窗口与全屏显示方式之间切换
Alt＋Space	打开当前的系统菜单
Alt＋Esc	以窗口打开的顺序循环切换
Alt＋菜单栏上带下划线的字母	打开相应的菜单
Alt＋ PrtSc(即 Alt＋PrintScreen)	复制当前屏幕上浮于最上方的窗口、对话框或其他对象
PrtSc(即 PrintScreen)	复制桌面
Ctrl＋C	复制
Ctrl＋X	剪切
Ctrl＋V	粘贴
Ctrl＋Z	撤销
Ctrl＋A	全选
Ctrl＋Esc	打开【开始】菜单
Ctrl＋Home	回到文件或窗口的顶部
Ctrl＋End	回到文件或窗口的底部
Ctrl＋Alt＋Del	打开 Windows XP 任务管理器

2.1.7　帮助系统的使用

Windows XP 具有一个方便、简捷的帮助系统,这个帮助系统里包含了对 Windows XP 的基本介绍以及基于操作方法的指导,用户可以从中快速地查找到相关问题的解决方案。

1. 使用 Windows XP 的帮助系统

这是获得帮助最直接的方法。使用时,帮助系统里的内容,既可以以目录的方式阅读,也可以以主题索引的方式阅读,并支持主题搜索。

启动 Windows XP 帮助系统的方法非常简单,只要单击【开始】按钮,从中选择"帮助和支持"命令项,即可打开"帮助和支持中心"窗口,如图 2-4 所示。之后,在"搜索"文本框中输入查找内容,单击"开始查找"按钮,系统将自动进行搜索。

2. 获得 Web 的在线帮助

如果所查找的内容在 Windows XP 帮助中未查到,或查到的信息不够详细,可以利用 Windows XP 的网络在线帮助来查找。用户可以单击"帮助和支持中心"窗口中的"设置您的在线查找选项"链接,以便链接到专门的 Microsoft Web 页面并进行查找。

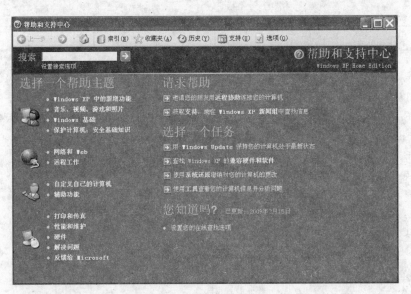

图 2-4   Windows XP 的"帮助和支持中心"窗口

3. 从对话框中获得帮助

几乎所有的 Windows XP 对话框的右上角都有一个问号"?"按钮,单击此按钮,再单击对话框中的控制元素,就会出现一个说明该控制元素及使用方法的帮助窗口,由此可以了解要进行的控制操作的具体内容和作用。

4. 从应用程序中获得帮助

在每一个 Windows XP 应用程序中都有帮助内容,可以通过应用程序中的帮助,了解应用程序的使用方法和其他信息。

5. 从工具栏和任务栏中获得帮助

将鼠标指向工具栏或任务栏中的某个项目按钮,均会出现简单的提示信息。

2.2   案例 1——桌面管理

Windows XP 是多任务多用户的操作系统,因而,用户在进入 Windows XP 之前必须选择一个用户身份方可登录。而且,Windows XP 系统允许用户拥有自己的桌面环境。如果一台计算机由多个用户使用,那么,每个用户都可以设置自己喜欢的桌面环境。

本节的案例是运用 Windows XP 提供的功能,设置一个图 2-5 所示的个性化桌面环境。

图 2-5　Windows XP 的桌面实例

2.2.1　案例操作

实现图 2-5 所示案例的 Windows XP 桌面，具体操作步骤如下。

（1）右击桌面空白处，选择"属性"命令，从而打开"显示属性"对话框。

（2）单击"桌面"选项卡，从"背景"列表框中选择"Autumn"图片，再在"位置"下拉列表框中选择"拉伸"选项，单击"应用"按钮。

（3）单击"屏幕保护程序"选项卡，从"屏幕保护程序"列表框中选择"三维文字"，再将"等待"时间定为 20 分钟，单击"应用"按钮。

（4）单击"外观"选项卡，将"色彩方案"选择为"银色"，单击"应用"按钮。

（5）单击"显示"选项卡，将"屏幕分辨率"设置为"1024×768"、"颜色质量"设置为"真彩色（32 位）"，单击"确定"按钮。

（6）右击桌面右下角的"日期/时间"标记，将"时区"设置为"北京"，将日期和时间设置为即时时间。

至此，一个具有个人特点的桌面设置完成。

2.2.2　知识技能点提炼

前面曾经提到，计算机启动后自动执行 Windows XP 操作系统，显示器屏幕上显示系统的初始界面——Windows XP 桌面，用户可以根据个人的喜好及需要设置桌面。

分析案例，设置上面这个具有个人特色的桌面主要经过了桌面背景设置、屏幕保护程序设置、窗口外观设置、显示器性能设置和系统时间设置等步骤。

1. 设置桌面背景

（1）除了可以使用案例中步骤（1）打开"显示属性"对话框的方法外，还可在"控制面板"

窗口中双击"显示"图标,打开的"显示属性"对话框。打开对话框后,选择"桌面"选项卡,如图 2-6 所示。在"背景"列表框中或通过单击"浏览"按钮选择符合个人喜好的背景图案。

图 2-6　"桌面"选项卡

(2) 在"位置"下拉列表框中选择合适的显示方式,其中:
- "居中"表示按图片原尺寸将图片放在屏幕中央;
- "平铺"表示按图片原尺寸排列一幅或多幅图片,使之充满屏幕;
- "拉伸"表示将图片按照屏幕尺寸进行双向拉伸,使之充满屏幕。

(3) 单击"确定"按钮完成设置。

2. 设置屏幕保护程序

当用户在一段时间内不使用计算机时,屏幕信息自动锁住并隐藏,取而代之的是移动位图或图案——屏幕保护程序。屏幕保护程序可以在一定程度上保护用户使用安全并减少能量消耗。

设置屏幕保护程序,可在"显示属性"对话框中选择"屏幕保护程序"选项卡,如图 2-7 所示。

(1) 选择屏幕保护程序。在"屏幕保护程序"下拉列表框中选择动画,并通过对话框中的模拟显示器观看动画效果,或通过单击"预览"按钮预览动画效果;如果要优化屏幕保护程序,可单击"设置"按钮。

(2) 通过"等待"设置计算机从停止操作到启动屏幕保护程序的闲置时间。

(3) 通过复选框选定是否需要在屏幕保护程序终止并恢复原状态时验证启动密码。屏幕保护程序的密码与 Windows XP 的登录密码相同,如果不知道用户在 CMOS 中设置的登录密码,则无法取消该屏幕保护程序,从而起到保护计算机安全的作用。

（4）单击"应用"或"确定"按钮完成设置。

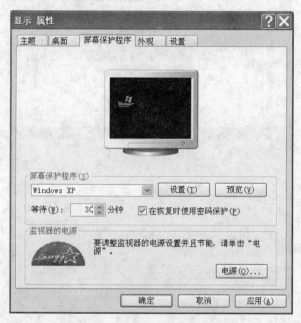

图 2-7　"屏幕保护程序"选项卡

3. 设置窗口外观

窗口的外观由组成窗口的多个元素组成，Windows XP 向用户提供了一个窗口外观的方案库，在默认情况下，Windows XP 采用"Windows XP 样式"的外观方案，即通常看到的：

- 活动窗口的标题栏为蓝色，非活动窗口的标题栏为灰色；
- 窗口内的菜单栏、地址栏边框、状态栏为浅蓝色；
- 窗口的工作区为白色；
- 窗口内的文字为黑色。

在 Windows XP 中，可以从系统提供的外观方案中加以选择来改变窗口的外观，设置步骤如下。

（1）在"显示属性"对话框中选择"外观"选项卡，如图 2-8 所示，在"窗口和按钮"下拉列表框中选择符合个人喜好的窗口样式。

（2）在"色彩方案"下拉列表框中选择喜欢的背景颜色和渐变颜色。

（3）在"字体大小"下拉列表框中选择桌面图标说明文字的大小、颜色等。

（4）单击"应用"或"确定"按钮完成设置。

4. 设置显示器属性

（1）在"显示属性"对话框中选择"设置"选项卡，如图 2-9 所示。

（2）通过拖动滑块来设置显示器的分辨率。分辨率表示像素点的多少，其范围取决

图 2-8 "外观"选项卡

于计算机显示器的性能。分辨率越高,像素点越多,可显示的内容就越多,所显示的对象就越小。普通的适配器和显示器通常有 3 种选择：640×480、800×600、1024×768;高品质的适配器和显示器还会有 1152×865、1280×1024、600×1200 等选择。

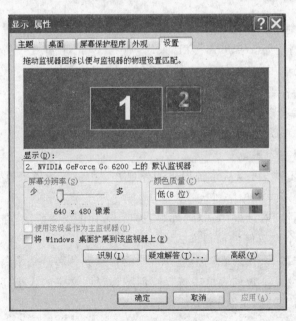

图 2-9 "设置"选项卡

(3)"颜色质量"一般有多种选择,如低(8 位)、16 色、256 色、增强色(16 位)和真彩色(24 位)、真彩色(32 位),用户可以根据所使用计算机的性能和自己的需求选择。

（4）单击"确定"按钮完成设置。

5. 设置系统时间

Windows XP 桌面的右下角有一个日期和时间标识，通过它可以设置、修改系统的日期和时间。将鼠标指向该标识，单击右键，选择"调整日期/时间"命令，将会出现图 2-10 所示的对话框。

图 2-10　"日期和时间 属性"对话框

先选择"时区"选项卡，进行时区设置。之后，选择"时间和日期"选项卡，进行时间和日期设置。

2.3　案例 2——文件管理

操作系统作为计算机最重要的系统软件，提供的基本功能是数据存储、数据处理及数据管理等。数据通常以文件形式存储在存储介质中，数据处理的对象是文件，数据管理也是通过文件管理来完成的。因此，文件系统在操作系统中占有非常重要的地位。在 Windows XP 操作系统中，用户在计算机中操作并保存的内容都是以文件的形式存在的，它们或者单独形成一个文件，或者存在于文件夹中。

本节案例是计算机一级考试模拟题中关于 Windows 文件管理的系列题。

（1）在 D 盘根目录下创建一个以 LianXi 命名的文件夹。

（2）在该文件夹下创建一个以 Book 命名的新文件夹。

（3）在 Book 文件夹中创建一个新的文本文件 Book1.txt，并将"隐藏"和"存档"属性撤销，属性设置为"只读"。

（4）查找 notepad.exe 文件，并把查找到的结果保存在 Book 文件夹中。

（5）将 C 盘的 Documents and Settings 文件夹复制到 LianXi 文件夹下，并重命名为 Wendang。

（6）将 Wendang 文件夹下的 All User 文件夹删除。

（7）在 LianXi 文件夹中创建"画图"快捷方式。

2.3.1　案例操作

（1）通过【我的电脑】或"Windows 资源管理器"打开 D 盘，在空白处右击鼠标，在快捷菜单中选择"新建"|"文件夹"命令，并以 LianXi 命名该文件夹。

（2）鼠标双击 LianXi 文件夹，窗口打开后，在空白处右击鼠标，选择"新建"|"文件夹"命令，创建以 Book 命名的文件夹。

（3）鼠标指向 Book 文件夹，双击打开。在空白处右击，在快捷菜单中选择"新建"|"文本文档"命令，鼠标指向该文本文件右击，在弹出的快捷菜单中选择"重命名"命令，并以 Book1.txt 命名。再将鼠标指向 Book1.txt 文件，右击鼠标，在弹出的快捷菜单中选择"属性"命令，将"隐藏"和"存档"属性撤销，属性设置为"只读"，单击"确定"按钮。

（4）选择【开始】|"搜索"命令，选择"所有文件和文件夹"后，在"搜索文件名称"文本框内输入"notepad.exe"，单击"搜索"按钮，将查找到的结果保存在 Book 文件夹中。

（5）通过【我的电脑】或"Windows 资源管理器"打开 C 盘驱动器，找到 Documents and Settings 文件夹，鼠标指向该文件夹并右击，在弹出的快捷菜单中选择"复制"命令，之后，将其粘贴到 D 盘的 LianXi 文件夹下，并以 Wendang 命名。

（6）鼠标指向 Wendang 文件夹，双击打开。将鼠标指向 All User 文件夹，右击鼠标，在快捷菜单中选择"删除"命令，从而将其删除至【回收站】。

（7）打开 LianXi 文件夹，在空白处右击鼠标，在弹出的快捷菜单中选择"新建"|"快捷方式"命令，此时打开"创建快捷方式"向导，单击"输入项目的位置"文本框右侧的"浏览"按钮，依次选择【我的电脑】|C 盘|"Windows 文件夹"|"Sysystem32 文件夹"|mspaint，再单击"下一步"按钮，在"输入该快捷方式的名称"文本框中输入"画图"后，单击"完成"按钮，即完成了"画图"快捷方式的创建。

2.3.2　知识技能点提炼

分析案例，有关 Windows 文件管理的操作主要涉及以下基本操作：

• 建立文件夹；
• 文件复制及更名；
• 搜索；
• 建立新文件并设置属性；
• 文件及文件夹的删除；

- 文件移动；
- 创建快捷方式。

下面结合案例介绍 Windows XP 文件操作的相关知识。

1. 文件的命名

在 Windows XP 中，对文件的命名有如下规定：

- 文件名由基本名和扩展名组成，二者之间用"."分隔；
- 支持长文件名，可使用最多 255 个字符，可使用多种字符，但不能使用系统保留的设备名；
- 文件名不区分大小写；
- 文件名中可以使用汉字、数字字符 0～9、英文字符 A～Z 和 a～z，还可以使用空格字符和加号（＋）、逗号（,）、分号（;）、左右方括号（[ ]）、等号（＝），但不允许使用尖括号（<＞）、正斜杠（/）、反斜杠（\）、竖杠（|）、冒号（:）、双撇号（"）；
- 文件的扩展名由 3 个字符组成，可以用来标明文件的类型；
- 查找时可使用通配符 * 和"?"，其中，* 表示多个字符，"?"表示一个字符。

注意：文件或文件夹的命名应尽量做到"见名知义"。

2. 文件属性

文件属性反映的是文件的特征信息，一般包括以下 3 类：

1）时间属性

- 文件的创建时间；
- 文件最近一次被修改的时间；
- 文件最近一次被访问的时间。

2）空间属性

- 文件的位置；
- 文件的大小；
- 文件所占的磁盘空间。

3）操作属性

- 文件的只读属性；
- 文件的隐藏属性；
- 文件的系统属性；
- 文件的存档属性。

3. 文件或文件夹的管理途径

在 Windows XP 中，文件或文件夹的管理可以通过两种方法实现，一种是通过【我的电脑】中的文件夹窗口，另一种是通过"Windows 资源管理器"。

1）通过【我的电脑】中的文件夹窗口进行管理

在双击打开的【我的电脑】窗口（见图 2-11（a））中双击要操作的磁盘图标即可打开该

盘上相应的文件夹窗口（见图 2-11(b)），如果需要还可以依次打开其下的各级子文件夹（见图 2-11(c)）。

(a) "我的电脑"窗口

(b) C盘文件夹窗口

(c) Documents and Settings窗口

图 2-11　通过【我的电脑】管理文件或文件夹

2）通过"Windows 资源管理器"进行管理

"Windows 资源管理器"是一个用于查看和管理系统中所有文件和资源的文件管理工具。通过它可以管理硬盘、映射网络驱动器、外围驱动器、文件和文件夹，还可以查看控制面板和打印机的内容、浏览 Internet 的主页。

"Windows 资源管理器"在一个窗口中集成了所有资源，利用它可以很方便地在不同的资源之间进行切换并实施操作。

单击【开始】按钮，选择"所有程序"子菜单中的"附件"，然后选择"Windows 资源管理器"命令，即可启动"Windows 资源管理器"，如图 2-12(a)所示。

"Windows 资源管理器"窗口有两个窗格。左窗格是文件夹框，以树形结构列出了系统中所有的资源；右窗格是文件夹的内容框，显示当前选定文件夹中的文件和文件夹等内容。

从图 2-12(a)中可以看出，"Windows 资源管理器"左窗格中，有些文件夹的前面有

"＋"标记,该标记表示在此文件夹下还有下一级子文件夹。单击该标记后,其下一级子文件及文件夹展开,如图 2-12(b)所示,该文件夹前面的标记变为"－"。"Windows 资源管理器"右窗格,亦可以看成是一个文件夹窗口。

(a) Windows资源管理器——C盘折叠

(b) Windows资源管理器——C盘展开

图 2-12   通过"Windows 资源管理器"管理文件或文件夹

3)【我的电脑】和"Windows 资源管理器"的比较

【我的电脑】和"Windows 资源管理器"都可用来管理计算机中的内容,只是它们显示的形式不同,"Windows 资源管理器"更详细一些,而【我的电脑】则简单一些。

根据下面对【我的电脑】和"Windows 资源管理器"的简单比较,可以了解在什么情况下使用什么方式管理系统资源是最佳的。

• "Windows 资源管理器"可以比【我的电脑】管理更多的系统资源;

•【我的电脑】适于浏览资源和单文件夹操作,"Windows 资源管理器"适于多文件夹操作。

- 【我的电脑】为每个文件夹打开一个窗口,比较适合浏览每个文件夹的内容和对一个文件夹的内容进行操作,如文件的删除、重命名等;"Windows 资源管理器"因为有左右两个窗格,更适合进行不同文件夹之间的操作,如从一个文件夹复制文件到另一个文件夹等。

4. 选择文件或文件夹

选择文件或文件夹时,如果只是单个文件或文件夹,只需用鼠标单击该文件或文件夹即可。倘若是多个文件或文件夹的选取,连续的或非连续的多个文件或文件夹的选取方法是不同的。

当选择非连续的多个文件或文件夹时,需在按住 Ctrl 键的同时,再用鼠标逐个单击要选取的文件。

当选择连续的多个文件或文件夹时,则可以常用以下 3 种方法实现:

方法一:在按住 Shift 键的同时,分别单击同一直线上(包括对角线)的首、尾两个文件,即可将首、尾两个文件和它们中间的一系列文件全部选定。

方法二:用鼠标拖动出一个方框选取文件,在方框内的文件都将被选定。

方法三:如果用户需要选取窗口中所有的文件,也可以采取两种方法实现。一种是选择菜单栏中的"编辑"|"全部选定"命令;另一种是将鼠标置于窗口的空白处,按"Ctrl+A"键。

5. 创建文件、文件夹及文件的快捷方式

1) 创建新文件

在【我的电脑】文件夹窗口或"Windows 资源管理器"的左窗格中,选定新文件所在的文件夹,选择菜单栏中的"文件"|"新建"命令,在弹出的子菜单中选取文件类型,窗口中出现文件的临时名称,输入新的文件名称,按 Enter 键或鼠标单击其他地方完成操作。

2) 创建新文件夹

创建新文件夹的方法有两种:

方法一:选定新文件夹所在的位置,选择"文件"|"新建"命令,在弹出的子菜单中选择"文件夹"命令,窗口中出现文件夹的临时名称,输入新的文件夹名称,按 Enter 键或鼠标单击其他地方完成操作。

方法二:选定新文件夹所在的位置,在空白处单击鼠标右键,在弹出的快捷菜单中选择"新建"|"文件夹"命令,亦能创建新文件夹。

3) 创建文件的快捷方式

为一个文件创建快捷方式后,就可以使用该快捷方式打开文件或运行程序,创建快捷方式的步骤如下:

(1) 选定要创建快捷方式的文件或文件夹。

(2) 选择"文件"|"新建"|"快捷方式"命令,在弹出的对话框中的"请键入项目的

位置"文本框中输入要创建快捷方式文件的路径和名称,或通过单击"浏览"按钮选择文件。

（3）单击"下一步"按钮,输入快捷方式的名称,选择快捷方式的图标,从而完成快捷方式的创建。

6. 打开文件或文件夹

打开文件或文件夹的方法有3种。

方法一：选择"文件"|"打开"命令。

方法二：选取要打开的文件或文件夹,单击鼠标右键,在弹出的快捷菜单中选择"打开"命令。

方法三：双击需要打开的文件或文件夹。

7. 复制、剪切文件或文件夹

（1）选定要复制、剪切的文件或文件夹。

（2）如果要复制文件,只需选择菜单栏中的"编辑"|"复制"命令,或直接单击工具栏上的"复制到"按钮,打开"浏览文件夹"对话框,选择需要复制到的文件夹后,单击"确定"按钮即可。

（3）如果要剪切文件,选择菜单栏中的"编辑"|"剪切"命令,或直接单击工具栏上的"移至"按钮,打开"浏览文件夹"对话框,选择需要移动到的文件夹后,单击"确定"按钮即可。

复制、剪切还可以使用"移动"的方法实现。如果文件或文件夹移动的始末位置在同一驱动器下,按住 Ctrl 键,用鼠标将选定的文件或文件夹拖动到目标位置,完成的是"复制"操作。若不按 Ctrl 键进行移动操作,完成同一驱动器下的"剪切"操作。如果文件或文件夹移动的始末位置在不同驱动器下,不按 Ctrl 键移动完成的是"复制"操作。

值得说明的是,复制与剪切操作的相同点是均可以完成文件或文件夹的移动并在"剪切板"上留有备份,不同的是复制操作后原始位置仍保留原文件或文件夹,而剪切操作后原文件或文件夹消失。

8. 撤销操作

如果想撤销刚刚做过的复制、剪切、重命名等操作,可选择菜单栏中的"编辑"|"撤销"命令,或直接单击工具栏上的"撤销"按钮。

9. 删除文件或文件夹

删除文件或文件夹最快的方法就是在选定要删除的对象后按 Delete 键。此外,还可以用其他两种方法进行删除操作。

方法一：用鼠标右击要删除的对象,在弹出的快捷菜单中选择"删除"命令。

方法二：在选定删除对象后用鼠标将其直接拖放到回收站中。

需要提醒的是,按照上述两种方法操作,删除的文件或文件夹将进入【回收站】。若想将这些文件或文件夹直接根除,可在使用方法一或方法二选择"删除"命令的同时按住Shift键。必须强调,此操作要特别谨慎,以免误操作而造成无法挽回的损失。

10. 恢复删除操作

如果删除后想立即恢复,只需选择菜单栏中的"编辑"|"撤销"命令,或直接单击工具栏上的"撤销"按钮;如果要恢复已经删除一段时间的文件或文件夹,需要到【回收站】中进行还原操作。

11. 为文件或文件夹重命名

可以采用3种方法为文件或文件夹重命名。

方法一:选定文件或文件夹,选择菜单栏中的"文件"|"重命名"命令,输入新名称即可。

方法二:直接用鼠标右击文件或文件夹,在弹出的快捷菜单中选择"重命名"命令,文件或文件夹名称处于可改写状态,输入新名称。

方法三:选定文件或文件夹,缓慢单击文件或文件夹两次,待文件名或文件夹名处于可改写状态时,输入新名称。

12. 设置文件或文件夹属性

用鼠标右击选定对象,在弹出的快捷菜单中选择"属性"命令,在"属性"对话框中选择需要设置的文件属性。

13. 文件的搜索

在实际操作中,经常会遇到这样的情况:不太清楚文件或文件夹的所在位置或不太清楚文件或文件夹的准确名称。此时,使用 Windows XP 提供的搜索功能,便可很快找到目标。

可以采用两种方法搜索文件或文件夹。

方法一:在【开始】菜单中选择"搜索"命令,打开"搜索"对话框,在左窗格中选择"所有文件和文件夹",左窗格更换新的提示,按提示信息输入尽可能翔实的内容后,单击"搜索"按钮即可。

方法二:在"Windows 资源管理器"中进行搜索,可以单击窗口工具栏中的"搜索"按钮,待窗口变为文件搜索窗口后,按照提示输入相应信息。

无论采用哪种方法,在搜索时还可以给出日期、类型、大小等选项,以便对搜索范围进行限定。在不太清楚文件或文件夹准确名称的情况下,可以使用通配符 * 和"?"来进行搜索。

此外,利用这些方法,还可以搜索网络下的其他计算机用户。

2.4　案例3——系统设置

操作系统虽然可以为用户提供一个很好的交互界面和工作环境,但就用户而言,要完成大量的日常工作,仍可以根据需要来调整和设置计算机的工作环境。Windows XP除了出色地完成着操作系统的工作外,还为用户及各式各样的应用需求提供了一个基础工具——"控制面板"。

"控制面板"是用来对系统进行设置的一个工具集,用户可以根据自己的爱好,更改显示器、键盘、鼠标、桌面、打印机等硬件属性的设置,也可以添加或删除应用程序以及系统组件和输入法等。

下面给出本节案例。

（1）加快鼠标单击的响应速度。
（2）在系统中安装 HP LaserJet 1018 型打印机。
（3）为系统添加"搜狗拼音输入法"。
（4）为系统添加 RealPlay 应用程序,并删除"暴风影音"应用程序。
（5）为系统创建一个名为"过客"的受限账户,并将其密码设为12345。

2.4.1　案例操作

下面给出本节案例的具体实现步骤:

（1）通过【开始】菜单打开"控制面板"窗口,单击其中的"打印机和其他硬件"命令项,在"打印机和其他硬件"窗口中单击"鼠标"图标,打开"鼠标属性"对话框,选择"指针选项"选项卡,将体现指针速度的滑块适当右移。

（2）单击"控制面板"窗口中的"打印机和其他硬件"命令项,在"打印机和其他硬件"窗口中单击"打印机和传真"图标,打开"打印机和传真"窗口,在窗口的左窗格中单击"添加打印机"选项,出现"添加打印机向导"对话框,根据屏幕上的提示,依次操作,即可完成打印机的添加。

（3）在"控制面板"的左窗格中选择"切换到经典视图",双击"字体"图标,在"字体"窗口中选择"文件"|"安装新字体"命令,在"添加字体"窗口中的"驱动器"下拉列表框和"文件夹"列表框中选择新字体所在的驱动器和文件夹,在"字体列表"列表框中选择"搜狗拼音输入法"字体,单击"确定"按钮。

（4）在"控制面板"窗口中,单击"添加/删除程序"图标,在打开的"添加或删除程序"窗口中单击"添加新程序"按钮,然后单击"CD 或软盘"按钮,在光驱中插入装有 RealPlay 应用程序的软盘、U 盘或光盘,单击"下一步"按钮,安装程序将自动检查各个驱动器,对安装进行定位,如果定位成功,单击"完成"按钮,系统就将开始应用程序的安装。安装结束后,在"添加和删除程序属性"对话框中单击"确定"按钮。之后,在"当前安装的程序"列表框中选择"暴风影音"应用程序,然后单击"更改/删除"按钮。

(5) 在"控制面板"窗口中单击"用户账户"图标,打开"用户账户"窗口,在"挑选一项任务"选项中,单击"创建一个新账户"选项,输入新用户账户的名称"过客",单击"下一步"按钮,再单击"受限"按钮,之后,单击"创建用户"按钮。

2.4.2　知识技能点提炼

分析案例,有关 Windows 系统设置的操作主要涉及以下几点:

- 鼠标属性的设置;
- 打印机属性的设置;
- 字体的添加;
- 应用程序的添加与删除;
- 创建新账户。

下面,结合案例具体介绍相关知识。

1. 键盘、鼠标和打印机

Windows XP 中的系统环境可以调整和设置,这些功能主要集中在"控制面板"窗口(图 2-13)和"任务栏属性"对话框中。关于显示器、桌面、日期/时间的属性设置在前面的内容中已经有详细的介绍,在此不再赘述。

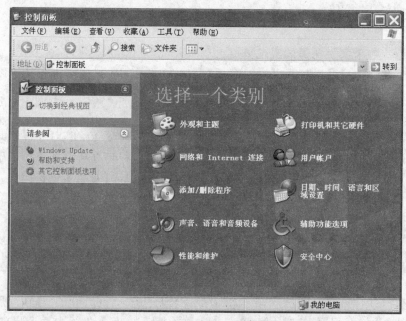

图 2-13　Windows XP "控制面板"窗口

通过选择"控制面板"窗口中的"打印机和其他硬件"命令项,可以完成对键盘、鼠标和打印机的属性设置,如图 2-14 所示。

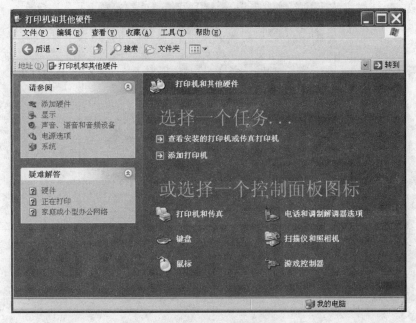

图 2-14 "打印机和其他硬件"窗口

1）键盘

在"打印机和其他硬件"窗口中，单击"键盘"图标，即可打开"键盘 属性"对话框对键盘进行设置。对话框中有 2 个选项卡：速度和硬件（图 2-15（a）、图 2-15（b））。其中，"速度"选项卡用于设置字符重复的延缓时间、重复速度和光标闪烁速度。

(a) "速度"选项卡   (b) "硬件"选项卡

图 2-15 "键盘 属性"对话框

2）鼠标

在"打印机和其他硬件"窗口中，单击"鼠标"图标，即可打开"鼠标 属性"对话框对鼠标进行设置，如图 2-16 所示。

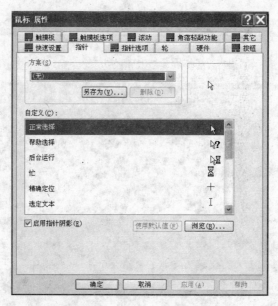

图 2-16 "鼠标 属性"对话框

Windows XP 的"鼠标 属性"对话框中有 10 个选项卡,可以分别对左右手习惯、鼠标单双击速度、鼠标移动速度及可见性、鼠标指针的大小和形状等属性进行设置。

3) 打印机

在"打印机和其他硬件"窗口中,单击"打印机和传真"图标,即可打开其窗口添加打印机,如图 2-17 所示。

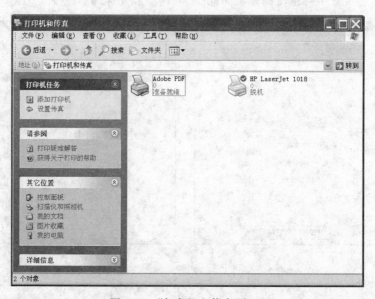

图 2-17 "打印机和传真"窗口

在"打印机和传真"窗口的左窗格中单击"添加打印机"选项,弹出"添加打印机向导"对话框,如图 2-18 所示。根据屏幕上的提示,依次操作,即可完成打印机的添加。添加

——————————— 计算机应用基础案例教程

后，如果要打印测试页，应首先打开打印机开关。完成安装后，用户可以随时使用本打印机。

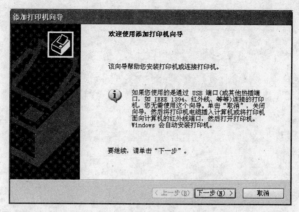

图 2-18 "添加打印机向导"对话框

2. 字体

用户可以使用的字体和大小取决于计算机系统中加载的字体和打印机内建的字体。Windows XP 有一个"字体"文件夹，里面存放了系统已安装的字体集合。在"控制面板"窗口的左窗格中选择"切换到经典视图"，会出现图 2-19 所示的"控制面板"窗口。双击"字体"图标，出现图 2-20 所示的"字体"窗口。

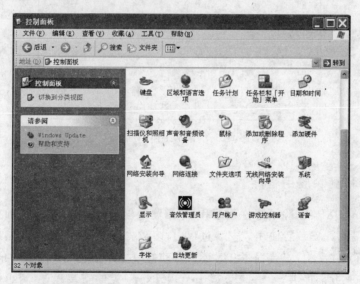

图 2-19 "控制面板"经典视图窗口

若要添加字体，则在"字体"窗口选择"文件"|"安装新字体"命令，弹出图 2-21 所示的"添加字体"对话框。

在"添加字体"对话框中的"驱动器"下拉列表框和"文件夹"列表框中选择新字体所在的驱动器和文件夹，在"字体列表"列表框中选择所需的字体，单击"确定"按钮即可。

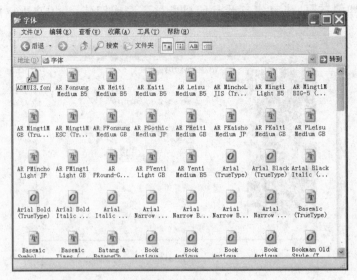

图 2-20 "字体"窗口

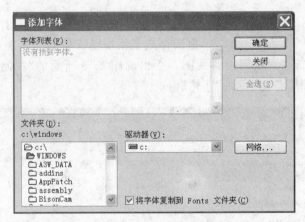

图 2-21 "添加字体"对话框

3．添加和删除应用程序

在 Windows XP 中，除了附件程序和 IE 浏览器程序外，若使用其他独立编写的应用程序，一般都需要先安装后使用。安装过程中，多数先要解压缩原文件，然后把一些程序复制到特定的文件夹中，安装程序有时还要自动修改操作系统的注册表中的信息。

应用软件一般都提供 Setup.exe 或 Install.exe 一类的安装程序。执行安装程序，并在其向导指引下完成安装后，在程序菜单或桌面上会增加该程序的选项或图标。此后，就可以像执行附件中的程序一样执行该程序。

Windows XP 的"控制面板"中有一个添加和删除应用程序的工具，用以保持 Windows XP 对安装和删除过程的控制，避免因为误操作而造成对系统的破坏。

在"控制面板"窗口中，单击"添加/删除程序"图标，就会弹出图 2-22 所示的"添加或删除程序"窗口,默认按钮是"更改或删除程序"。

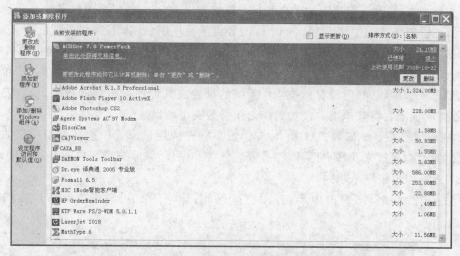

图 2-22　"添加或删除程序"窗口

1) 安装应用程序

(1) 在窗口中单击"添加新程序"按钮。

(2) 单击"CD 或软盘"按钮。

(3) 插入装有应用程序的软盘、U 盘或光盘,单击"下一步"按钮,安装程序将自动检查各个驱动器,对安装进行定位。

(4) 如果自动定位不成功,将弹出"运行安装程序"对话框。此时,既可以在"安装程序的命令行"文本框中输入安装程序的位置和名称,也可以单击"浏览"按钮定位安装程序。如果定位成功,单击"完成"按钮,系统就将开始应用程序的安装。

(5) 安装结束后,在"添加和删除程序属性"对话框中单击"确定"按钮即可。

2) 删除应用程序

在"当前安装的程序"列表框中选择欲删除的应用程序,然后单击"删除"按钮即可将选定的应用程序从系统中彻底删除。

4. 设置用户账户

Windows XP 是个多用户多任务的操作系统,它支持多个用户同时执行多个任务,也支持多个用户在不同的时间段以自己的风格独立使用计算机,互不干扰。

用户账户就是为共享计算机而设置的 Windows 功能。通过这个功能,用户可以选择自己的账户名、图片和密码,并选择适用于自己的其他设置,可以设置文件的个性化视图、收藏网站列表、保存最近访问过的网页列表,还可以将创建或保存的文档存储到用户自己的【我的文档】文件夹中。

1) 账户类型

(1) 计算机管理员。在 Windows XP 安装过程中,系统将自动创建一个名为Administrator 的账户,该账户拥有计算机管理员特权,拥有对本机资源的最高管理权限。管理员可以在系统安装之后,利用该账户登录本台计算机,并通过"控制面板"窗口中的"用户账户"工具添加、修改或删除其他用户账户。具有与 Administrator 相同权限的其他用户都在"计算机管理员"组中。建议 Administrator 不要随意把用户放到计算机管理员组中。

（2）受限用户。受限用户由 Administrator 安排在用户(Users)组、超级用户(Power Users)组中。其中,用户组里的用户可以修改自己的密码、管理自己创建的文件和文件夹、访问已安装的程序,但没有修改操作系统的设置或其他用户资料的权限,没有安装软件或硬件的权限。将其他用户添加到用户组是最安全的做法。

（3）来宾账户。来宾账户(Guest)专为没有账户的用户设置。这样的用户只能访问已安装的程序、更改来宾账户图片,没有安装软件和硬件、修改来宾账户类型的权限。

2）设置用户账户

（1）在"控制面板"窗口中单击"用户账户"图标,打开"用户账户"窗口,如图 2-23 所示。

图 2-23　"用户账户"窗口

（2）在"挑选一项任务"的选项中,单击"创建一个新账户"选项。

（3）输入新用户账户的名称,单击"下一步"按钮。

（4）选中"计算机管理员"或"受限"单选按钮,指定新用户的账户类型,之后,单击"创建用户"按钮。

（5）单击新创建的用户账户名,即可更改用户账户名、创建密码、选择喜欢的图片、更改用户账户类型,还可以删除用户账户。

3）注销用户账户

注销用户账户,即是从计算机上注销当前使用的用户账户,以便本机的其他用户使用。具体操作如下:

（1）单击【开始】按钮,选择"注销"命令,出现如图 2-24 所示的对话框。

（2）单击"注销"按钮。

图 2-24　"注销 Windows"对话框

（3）单击"确定"按钮，系统将关闭当前所有应用程序以及打开的文件、文件夹，断开网络连接，重新回到登录窗口，准备接纳其他用户。

（4）如果在（2）中单击"切换用户"按钮，则只进行用户的切换，而不实现用户的注销。

再有，按组合键 Ctrl＋Alt＋Del，打开"Windows 任务管理器"窗口，选择"用户"选项卡，选定用户，单击"注销"按钮，也可从计算机中注销当前用户账户。

除了案例涉及的上述操作外，有关 Window XP 的系统设置操作还有下面几项。

5. 添加新硬件

为了便于外部设备的使用，计算机采用接口电路或接口卡来连接主机与外部设备。对微机而言，有的接口电路（如键盘、鼠标、打印机等常用设备）设计在主板上，有的接口电路（如网卡、显卡等）设计成可插在主板插槽上的接口板卡。

对于 Windows XP 操作系统，包含驱动程序的控制接口和外设可直接使用，这类外设一般被称为即插即用设备。使用即插即用设备，只需按生产厂商提供的说明进行物理连接，然后启动计算机，Windows XP 将自动检测新的即插即用设备并自动安装所需要的软件，必要时插入含有相应驱动程序的光盘即可。但是，如果使用操作系统中没有其驱动程序的新型号外设，Windows XP 将无法检测到新的即插即用设备，则设备不工作。此时，除了需要按要求做物理连接外，还必须通过"控制面板"中的"添加硬件"来安装由外设生产厂商提供的驱动程序。

添加硬件的操作步骤如下：

（1）将新设备按要求连接到对应接口上。

（2）双击图 2-19 所示的"控制面板"经典视图窗口中的"添加硬件"图标，打开"添加硬件向导"对话框，如图 2-25 所示。

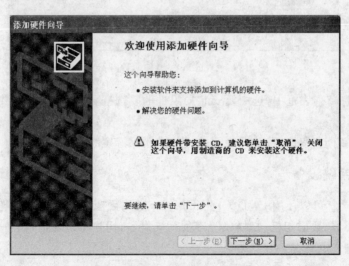

图 2-25 "添加硬件向导"对话框

（3）单击"下一步"按钮。

（4）Windows XP 自动检测新的即插即用设备。

（5）如果显示检测到新设备，则根据安装向导的提示进行安装即可；如果检测不到新设备，即在厂商和类型列表框中找不到该设备，则单击"从磁盘安装"按钮，并按提示填入相应的安装信息，从而完成新设备驱动程序的安装。

6. 安装/删除 Windows XP 组件

Windows XP 系统含有功能齐全的组件。在安装 Windows XP 系统的过程中，考虑到用户的需求或其他条件的限制，往往不将系统提供的组件一次性全部装入。因而，在需要时，用户可自行安装某些组件。同样，当不再需要某些组件时，也可以将其删除，以便释放这些组件占用的空间。

其操作步骤如下：

（1）在"添加或删除程序"窗口中，单击"添加/删除 Windows 组件"按钮，弹出"Windows 组件向导"对话框，如图 2-26 所示。

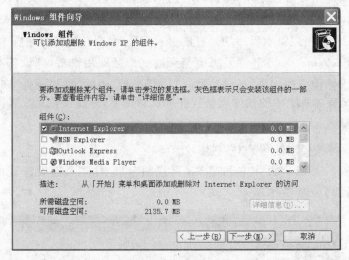

图 2-26 "Windows 组件向导"对话框

（2）在"组件"列表框中，选中要安装的组件的复选框，或者取消选中要删除的组件的复选框。

（3）单击"确定"按钮，系统即刻开始安装或删除选定程序。

7. 查看系统设备

Windows XP 可以使用 DVD/CD-ROM 驱动器、硬盘控制器、调制解调器、显卡、网络适配器、监视器、数码相机、扫描仪等多种系统设备，用户可以通过"设备管理器"查看这些设备，了解它们的情况。

查看系统设备的操作步骤如下：

（1）右击【我的电脑】图标，在弹出的快捷菜单中选择"属性"命令，弹出"系统属性"对话框,如图 2-27 所示,再选择"硬件"选项卡。

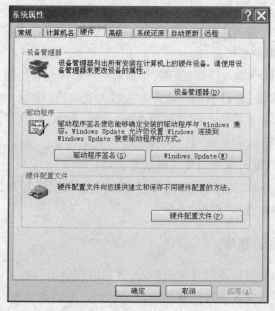

图 2-27　"系统属性"对话框

(2) 单击"设备管理器"按钮,用户可以从弹出的图 2-28 所示的"设备管理器"窗口中看到所有已经安装到系统中的硬件设备。在默认情况下,系统设备是按照类型排序的,如果用户想要改变排列顺序,可以通过"查看"菜单进行设置。

图 2-28　"设备管理器"窗口

8. 禁用和启用设备

当某一个系统设备暂时不用时，用户可以将其设为"禁用"，待需要时再将其重新设为"启用"，这样有利于保护系统设备。

下面以"USB人体学输入设备"为例，介绍禁用和启用设备的操作步骤：

（1）在"设备管理器"窗口中，双击"人体学输入设备"选项使其展开，再右击"USB人体学输入设备"选项，在弹出的快捷菜单中选择"停用"命令。

（2）在弹出的对话框中单击"是"按钮来确认禁用设备。此时，在"设备管理器"窗口中，被"禁用"设备前的复选框中出现红色禁用符号。

（3）当要启用设备时，只需在"设备管理器"窗口中用鼠标右击要启用的禁用设备，然后在弹出的快捷菜单中选择"启用"命令。

9. 更新设备驱动程序

随着计算机硬件制造技术的飞速发展，计算机内部各器件的更新速度也随之加快，导致计算机用户需要经常升级硬件的驱动程序。下面以监视器为例，介绍更新设备驱动程序的步骤：

（1）打开"设备管理器"窗口。

（2）鼠标指向设备列表框中要更新驱动程序的设备，右击鼠标，在弹出的快捷菜单中选择"更新驱动程序"命令。

（3）按照打开的"硬件更新向导"对话框的提示，一步步进行设置即可。

驱动程序安装之后，系统会提示用户重新启动计算机。重启计算机后，所更新的硬件驱动程序即可正常使用。

2.5 案例4——磁盘管理

磁盘是计算机的重要组成部分，是存储数据信息的载体，计算机中的所有文件以及所安装的操作系统、应用程序都保存在磁盘上。Windows XP提供了强大的磁盘管理功能，用户可以利用这些功能，更加快捷、方便、有效地管理计算机的磁盘存储器，提高计算机的运行速度。

本节案例操作是用户在磁盘管理中常见的操作。

（1）查看目前使用的计算机系统盘的可用容量是多少。

（2）将一感染病毒的移动硬盘格式化。

（3）利用系统提供的功能修复C盘中存在的系统错误。

（4）对所使用计算机的各磁盘进行碎片整理。

2.5.1　案例操作

下面给出本节案例的具体实现步骤：

（1）在桌面上双击【我的电脑】图标，打开其窗口。右击 C 盘驱动器图标，在弹出的快捷菜单中选择"属性"命令，打开该磁盘的"属性"对话框，在其中可以了解当前磁盘的文件系统类型和磁盘空间总容量、磁盘空间占用量、可用的剩余空间量。

（2）将移动硬盘通过 USB 接口与计算机连接，双击桌面上【我的电脑】图标，打开其窗口。右击该移动硬盘图标，在弹出的快捷菜单中选择"格式化"命令，单击"确定"按钮。

（3）双击【我的电脑】图标，打开其窗口。右击 C 盘驱动器，在弹出的快捷菜单中选择"属性"命令，打开"属性"对话框；选择"工具"选项卡，在"查错"区域中单击"开始检查"按钮，打开其对话框，在"磁盘检查选项"区域中将"自动修复文件系统错误"复选框选中，单击对话框中的"开始"按钮。

（4）选择【开始】|"所有程序"|"附件"|"系统工具"|"磁盘碎片整理"命令，打开"磁盘碎片整理程序"窗口，依次在"磁盘碎片整理程序"窗口中选择要进行碎片整理的磁盘驱动器，先单击"分析"按钮对选定磁盘进行分析，之后，根据系统的建议决定是否进行碎片整理。若系统建议整理，则单击窗口中的"碎片整理"按钮，完成后单击"关闭"按钮，结束磁盘碎片整理操作。

2.5.2　知识技能点提炼

分析案例，有关 Windows 磁盘管理的操作主要涉及以下知识技能点：
- 查看磁盘容量；
- 磁盘格式化；
- 磁盘检查；
- 磁盘碎片整理。

下面具体介绍相关知识。

1. 基本概念

1）硬盘分区

硬盘分区是指将硬盘的整个存储空间划分成多个独立的存储区域，每个存储区域单独成为一个逻辑磁盘，分别用来存储操作系统、应用程序以及数据文件等。在对新硬盘（包括移动硬盘）做格式化操作时，都可对其进行硬盘分区操作。在实际应用中，某些操作系统只有在硬盘分区后才能使用，否则不被识别。

就 32 位机而言，"32"这个数字除了代表字长外，还代表计算机硬盘采用 32 位二进制数表示逻辑扇区号，且每个逻辑扇区的容量上限为 2^{32}B，即系统可以管理的硬盘容量的上限为 2048GB（$2^{32}\times 512$ 字节）。

目前使用的 Windows XP 操作系统，其文件管理机制可以不必对硬盘进行分区。之所以进行分区操作,多是出于对多任务多用户操作系统的文件安全和存取速度等方面的考虑。

通常,人们会从文件存放和管理的便利性出发,将硬盘分为多个区,用以分别放置操作系统、应用程序以及数据文件等,如在 C 盘安装操作系统,在 D 盘安装应用程序,在 E 盘存放数据文件,F 盘用来做备份。

2）磁盘格式化

磁盘格式化是指在磁盘的盘片表面划分用以存放文件或数据的磁道和扇区,并登记各扇区地址标志的操作过程。磁盘格式化是分区管理中最重要的工作之一,一个未经过格式化的新磁盘,操作系统和应用程序将无法向其中写入信息。

新磁盘使用之前必须先进行格式化,而旧磁盘重新使用或感染计算机病毒无法根除时,进行磁盘格式化操作是最便捷、最安全的办法。当然对于旧磁盘的格式化操作要非常谨慎,因为一旦格式化,磁盘上的所有信息将彻底消失。

3）文件系统

文件系统是指在硬盘上存储信息的格式。它规定了计算机对文件和文件夹进行操作处理的各种标准和机制,用户对所有文件和文件夹的操作都是通过文件系统完成的。一般不同的操作系统使用不同的文件系统,不同的操作系统能够支持的文件系统不一定相同。因此,硬盘分区或格式化之前,应考虑使用哪种文件系统。

Windows XP 支持 FAT16、FAT32、NTFS 文件系统。

2. 查看磁盘容量

（1）在桌面上双击【我的电脑】图标,打开【我的电脑】窗口。

（2）鼠标右击要查看的磁盘驱动器图标,在弹出的快捷菜单中选择"属性"命令,打开该磁盘的"属性"对话框,在其中可以了解当前磁盘的文件系统类型和磁盘空间总容量、磁盘空间占用量、可用的剩余空间量。

（3）如果只查看磁盘(不包括软磁盘)的总容量和可用的剩余空间量,可用鼠标单击要查看的磁盘驱动器图标,在窗口底部的状态栏左侧会显示这些信息。

3. 磁盘格式化

以格式化移动硬盘为例。

（1）将移动硬盘通过 USB 接口与计算机相连。

（2）在桌面上双击【我的电脑】图标,打开【我的电脑】窗口。

（3）选定该磁盘驱动器图标,在"文件"菜单中选择"格式化"命令,或右击该磁盘驱动器图标,在弹出的菜单中选择"格式化"命令。

（4）单击"确定"按钮。

4. 磁盘检查

磁盘检查主要实现文件系统的错误检查和硬盘坏扇区的修复功能,操作步骤如下:

（1）双击【我的电脑】图标,打开其窗口。

（2）右击要检查的磁盘驱动器，在弹出的快捷菜单中选择"属性"命令，打开"属性"对话框。

（3）选择"工具"选项卡，在"查错"区域中单击"开始检查"按钮，打开其对话框。

（4）在"磁盘检查选项"区域中将"自动修复文件系统错误"和"扫描并试图恢复坏扇区"复选框选中。

（5）单击【开始】按钮。

5. 磁盘碎片整理

通常情况下，计算机会在第一个连续的、足够大的可用空间中存储文件，如果没有足够大的可用空间，计算机会将尽可能多的文件保存在最多的可用空间中，然后将剩余数据保存在下一个开通的空间中，并以此类推。由于不断地删除、添加文件，经过一段时间后，就会形成一些物理位置不连续的文件，这就是磁盘碎片。虽然碎片不影响数据的完整性，但却降低了磁盘的访问效率。磁盘中的碎片越多，计算机的文件输入/输出系统的性能就越低。

系统的"磁盘碎片整理"功能可以高效地分析磁盘，合并碎片文件或文件夹，重新整理磁盘文件，并将每个文件存储在一个单独而连续的磁盘空间中，而且将最常用的程序移到访问时间最短的磁盘位置，以加快程序的启动速度。

对磁盘进行碎片整理的步骤如下。

（1）选择【开始】|"所有程序"|"附件"|"系统工具"|"磁盘碎片整理"命令，打开"磁盘碎片整理程序"窗口，如图2-29所示。

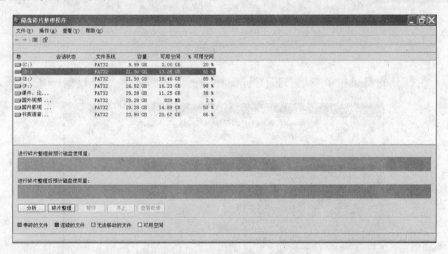

图2-29　"磁盘碎片整理程序"窗口

（2）在"磁盘碎片整理程序"窗口的上部列出了计算机中所有的磁盘驱动器，单击要进行碎片整理的磁盘驱动器，如D盘。

（3）在对磁盘进行整理之前，建议用户首先单击"分析"按钮对选定磁盘进行分析，分析完毕后，系统自动给出对话框，提示用户是否需要对磁盘进行碎片整理。

（4）如果系统建议进行碎片整理，则单击"碎片整理"按钮，开始进行整理。

（5）在磁盘碎片整理过程中，用户可以单击"停止"按钮，终止当前的操作，也可以单击"暂停"按钮，暂时中断当前的操作，待单击"恢复"按钮后再继续暂停的操作。

（6）磁盘碎片整理完成后，系统会打开一个对话框，用户可单击其中的"查看报告"按钮，查看碎片的整理情况。

（7）单击"关闭"按钮，结束磁盘碎片整理操作。

6. 查看磁盘分区

（1）选择【开始】|"控制面板"命令，在"控制面板"窗口中单击"性能和维护"选项，弹出如图 2-30 所示的窗口。

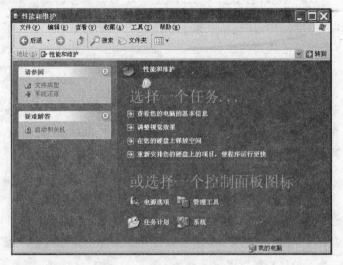

图 2-30 "性能和维护"窗口

（2）在打开的窗口中单击"管理工具"图标，打开"管理工具"窗口，如图 2-31 所示。

图 2-31 "管理工具"窗口

（3）在窗口中双击"计算机管理"图标，打开"计算机管理"窗口，单击"磁盘管理"选项，计算机硬盘分区等信息出现在右窗格中，如图 2-32 所示。

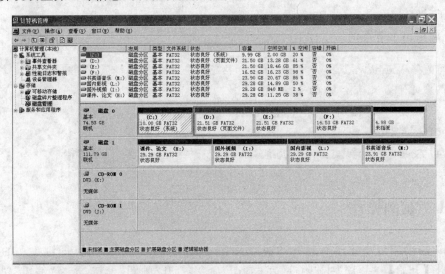

图 2-32 "计算机管理"窗口

7. 磁盘清理

计算机在运行 Windows XP 操作系统时，会有下述 3 类文件产生：
- 系统使用的特定临时文件；
- 用户在上网浏览时产生的缓存文件；
- 长期不用的程序文件。

这些文件不但占用大量的磁盘空间，而且影响系统的整体性能。为此，用户应该定期使用磁盘清理功能，以便释放磁盘空间，提高整机性能。进行磁盘清理的步骤如下。

（1）选择【开始】|"所有程序"|"附件"|"系统工具"|"磁盘清理"命令，打开"选择驱动器"对话框。

（2）在对话框中选择需要清理的驱动器，单击"确定"按钮，计算机开始扫描文件，计算可以清理的磁盘所释放的空间容量。

（3）计算结束后，系统打开"（X：）盘的磁盘清理"对话框，在"要删除的文件"列表框中，系统列出该磁盘上存储的可删除的无用文件，选中需要删除文件前面的复选框。

（4）单击"确定"按钮，系统询问是否要真正删除所选定的文件，单击"是"按钮，即可将选定文件删除。

2.6 案例 5——常用附件的使用

"附件"是 Windows 系统附带的一套功能强大的实用工具程序。在【开始】菜单的"程序"子菜单中提供了一些短小、实用的应用程序，这些应用程序极大地方便了用户的操作。

Windows XP 常用的附件应用程序有记事本、写字板、画图、通讯簿、计算器等。另外，在 Windows XP 的"附件"中，还包含了一些基本的计算机资源管理程序，如"辅助工具"和"系统工具"。

下面给出本节案例。

> （1）将 Windows XP 的桌面复制后粘贴到"画图"窗口的工作区内，并以"桌面 .bmp"为文件名保存在"我的文档"中。
> （2）使用"计算器"将十进制的 100 转换为二进制数。
> （3）使用"记事本"建立个人本学期的学习计划。
> （4）使用"通讯簿"建立个人通讯录。

2.6.1　案例操作

（1）关闭或最小化所有打开的窗口及对话框，按 PrintScreen 键（即键盘上的 PrtSc 键），选择【开始】|"程序"|"附件"|"画图"命令，打开"画图"窗口，选择"编辑"|"粘贴"命令，即可将刚才复制的"桌面"图像粘贴到工作区。之后调整图像大小，选择"文件"|"保存"命令，在"文件名"文本框中输入"桌面"并在"保存类型"列表框中选择"bmp"，单击"保存"按钮，关闭"画图"窗口。

（2）选择【开始】|"程序"|"附件"|"计算器"命令，打开的"计算器"窗口，选择"查看"|"科学型"命令，在窗口变换之后，先选中"十进制"单选按钮，并在输入框中输入"100"，然后选中"二进制"单选按钮，此时，输入框的数值就变为对应的二进制数。

（3）选择【开始】|"程序"|"附件"|"记事本"命令，打开"记事本"窗口，输入个人本学期的学习计划，选择"文件"菜单中的"保存"命令，输入文件名后，单击"保存"按钮。

（4）选择【开始】|"程序"|"附件"|"通讯簿"命令，打开"通讯簿"窗口，添加、修改或删除通讯录的内容，之后进行保存。

2.6.2　知识技能点提炼

分析案例，主要涉及画图、计算器、记事本和通讯簿的使用。下面具体介绍相关内容。

1.　画图

"画图"程序是一个简易的图像处理软件，同时具有许多画图功能。掌握该软件的用法对学习像 Photoshop 一类的专业图像处理软件有一定帮助。特别是利用快捷键把屏幕上的图像复制到剪切板后，可以很容易粘贴到"画图"窗口的工作区进行编辑，然后另存为图像文件。

2.　计算器

"计算器"具有模仿电子计算器的功能。Windows XP 中的计算器有两种模式，一种是"普通型",常用于普通的简易计算;另一种是"科学型",除了可以完成各种计算外,还可以实现角度与弧度换算、数制转换等功能。

3. 记事本

"记事本"是由字母、数字、符号和汉字组成的文本文件,用户通过记事本可以创建、编辑或阅读文本文件,也可以编写计算机语言源程序。

在"记事本"程序的"文件"菜单中,可以新建、打开、保存文本文件,也可以进行页面设置和打印操作;在"编辑"菜单中可以进行文档的复制、剪切、粘贴等操作;通过"搜索"菜单,可以从已输入的文字中找出指定的字或词汇。

4. 通讯簿

"通讯簿"程序用于存储个人通讯录,使得 Microsoft Outlook Express 等电子邮件程序易于检索。它本身也有访问 Internet 目录,以及在 Internet 上查找用户和商业伙伴的功能。

"通讯簿"可以存储电子邮件、家庭及单位地址、电话及传真号码、数字标识、会议信息以及生日、周年纪念日和家庭成员等个人信息,还可以存储个人和公司的 Internet 地址,并且可以直接从"通讯簿"链接到这些地址。

除了上述介绍的操作,有关 Windows XP "附件"的基本操作还有以下几项。

5. 写字板

"写字板"是功能比 WPS 或第 3 章要介绍的 Microsoft Word 2003 等文字编辑软件简单的文字编辑器,这里不再详述。但是,有一点必须知道,用"写字板"编辑后的文本文件以 ∗.txt 的格式保存。

6. 音量控制

通常,在装有声卡的计算机上,Windows XP 的任务栏右侧会显示一个像小喇叭的"音量控制"图标。如果没有该图标,用户可以通过【开始】|"控制面板"|"声音、语言和音频设备"|"声音和音频设备"|"音量"标签|"将音量图标放入任务栏"|"确定"等一系列操作来建立。

用鼠标右击任务栏里的"音量控制"图标后,用户可以通过选择"打开音量控制"命令来实现对音量的控制,通过选择"调整音频属性"命令来设置、调整系统的音频属性。

7. 系统工具

Windows XP 中的"系统工具"主要用来维护计算机的硬件。其中,"磁盘碎片整理"和"磁盘清理"的功能已在 2.5 节讲过,在此不再赘述。而"备份"的功能是帮助用户备份或恢复重要的程序和数据。用户在安装完操作系统及相关系统软件后,可以用"系统还原"程序建立一个系统还原点,当由于某些原因造成对操作系统的损坏时,再利用"系统还原"程序使系统恢复到还原点的状态。

需要提醒的是,使用"系统还原"功能会占用一定数量的磁盘空间。

2.7 知识扩展——了解注册表

2.7.1 什么是 Windows XP 注册表

注册表(Registry)是 Windows XP 操作系统、硬件设备以及客户应用程序得以正常运行和保存设置的核心"数据库",也可以说是一个非常巨大的树状分层结构的数据库系统。注册表中存放了所有的硬件信息、Windows XP 信息以及和与 Windows XP 有联系的 32 位应用程序的信息。Windows XP 通过注册表所描述的硬件的驱动程序和参数,来装入硬件的驱动程序、决定分配的资源及所分配资源之间是否存在冲突等。注册表中存放的 Windows XP 的信息决定了 Windows XP 的桌面外观、浏览器界面、系统性能等。应用程序在安装时,注册信息、启动参数等也存放在注册表中。用户可以通过注册表编辑器对注册表进行查看、编辑或修改。

2.7.2 注册表的结构

在 Windows XP 中,注册表由 System.dat 和 User.dat 两个文件组成。这两个文件保存在 Windows XP 所在的文件夹中,由二进制数据组成。System.dat 包含系统硬件和软件的设置,User.dat 保存着与用户有关的信息,如"Windows 资源管理器"的设置、颜色方案以及网络口令等。

Windows XP 注册表编辑器可以用来查看和维护注册表。执行以下操作可打开注册表编辑器。

(1) 选择【开始】|"运行"命令,打开"运行"对话框,如图 2-33 所示。

图 2-33 "运行"对话框

(2) 在该对话框中的"打开"文本框中输入"regedit.exe",单击"确定"按钮,即可打开"注册表编辑器"窗口,如图 2-34 所示。

(3) 从图 2-34 中可以看到,编辑器左窗格是树形目录结构,共有 5 个根目录,称为子树,各子树的名称以字符串"HKEY_"为前缀。子树下依次为项、子项和活动子项,活动子项对应右窗格中的值项,值项包括 3 部分:名称、类型和数据。注册表中的信息就是按照多级的层次结构组织的。每个子树中保存计算机软、硬件的相关信息与数据。

注册表编辑器左窗格中各子树的功能如下:

① HKEY-CLASSES-ROOT 保存文件扩展名与应用的关联及 OLE 信息。

② HKEY-CURRENT-USER 保存当前登录对用户控制面板选项和桌面等的设置信

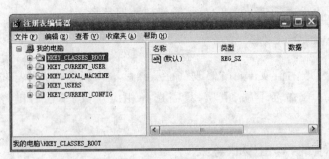

图 2-34　Windows XP 注册表编辑器

息，以及映射的网络驱动器信息。

③ HKEY-LOCAL-MACHINE 保存计算机硬件与应用程序信息。

④ HKEY-USERS 保存所有登录用户的信息。

⑤ HKEY-CURRENT-CONFIG 保存计算机硬件配置信息。

在 Windows XP 注册表编辑器中可直接修改、添加和删除项、子项与值项，并且可利用"查找"命令快速查找各子项和值项。

2.7.3　Windows XP 注册表编辑器的操作

1. 设置权限

在多用户情况下，可设置注册表的某个分支不能被指定用户访问，方法是选择要处理的项，并选择"编辑"|"权限"命令，然后在对话框中设置相应权限。但这里要注意，设置访问权限意味着该用户进入系统后运行的任何程序均不能访问此注册表项，不熟悉的用户要慎用此功能。

2. 查找

选择"编辑"|"查找"命令（或按 Ctrl＋F 组合键），在弹出的"查找"窗口中选中要查找目标的类型前面的复选框，并输入待查找内容，单击"查找下一个"按钮，等待片刻便能看到结果，之后按 F3 键可查找下一个相同的目标。

3. 收藏

有些注册表项经常需要修改，这时可将此项添加到"收藏夹"中。选择注册表项，执行"收藏夹"|"添加到收藏夹"命令，输入名称并确定后该注册表项便被添加到了"收藏夹"列表中，以后访问时可直接在"收藏夹"菜单中选择进入。查找和收藏是注册表编辑器的重要功能，应多加以利用。

4. 添加子项或值项

在注册表编辑器的左窗格中选择要在其下添加新项的注册表项，然后在右窗格中单击鼠标右键,选择"新建"子菜单中的"项"或值项数据类型。

5. 更改值项

右键单击要更改的值项,选择"修改"命令,然后输入新数据并单击"确定"按钮即可。实际上,如要删除、重命名子项、值项,只需选择相应对象,单击右键,然后进行相应的操作。

6. 注册表项的"导出"和"导入"

在修改注册表时,如果没有把握,建议将修改项先导出以备修改错误时再导入恢复。选择要导出的注册表项,选择"文件"|"导出"命令,"保存类型"一般选择"＊.reg",输入文件名后单击"保存"按钮即可。要导入已备份的注册表项只须选择"文件"|"导入"命令,并选择准备导入的文件,若是上一步导出时保存的".reg"文件,导入时直接双击此文件即可完成任务。

2.7.4 Windows XP 注册表的功能

Windows XP 注册表的功能很多,就其注册表文件在系统运行中起到的作用而言,一般有以下几点。

- 提高 Windows XP 的响应速度;
- 提高【开始】菜单的子菜单的显示速度;
- 减小浏览局域网的延迟时间;
- 禁止气球状的弹出信息;
- 显示隐藏文件;
- 显示映射网络驱动器的按钮;
- 清理【开始】菜单;
- 禁止修改用户文件夹;
- 关机时清除虚拟内存页面文件;
- 在不同的内存空间中运行程序。

2.7.5 备份注册表

为了在注册表损坏后能及时修复,有必要对其进行备份。用 Windows XP 自带的备份工具就可完成此工作,具体操作如下:

(1) 选择【开始】|"所有程序"|"附件"|"系统工具"|"备份"命令,取消向导模式调出"备份工具"对话框(图 2-35)。

(2) 选择"备份"选项卡,再选中 System State(系统状态)复选框。

(3) 单击左下角的"浏览"按钮,选择存储备份文件的位置。

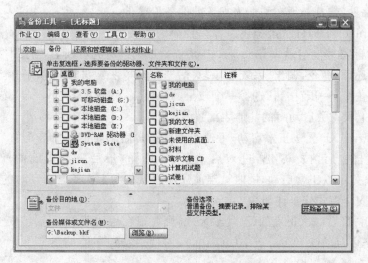

图 2-35 "备份工具"对话框

（4）最后单击"开始备份"按钮，系统便开始备份文件了。

需要注意的是，这样的备份是连带系统文件一同备份，虽然耗时多，但非常安全且操作简便。

2.7.6 Windows XP 注册表故障修复

计算机出现故障的原因有很多，其中有不少是由注册表产生的。一般出现以下症状则可以初步断定为注册表出了问题：

（1）运行程序时弹出"找不到 *.DLL"信息。

（2）Windows 应用程序出现"找不到服务器上的嵌入对象"或"找不到 OLE 控件"错误提示。

（3）双击某个文档时，Windows XP 给出"找不到应用程序打开这种类型的文档"信息。

（4）"Windows 资源管理器"中存在没有图标的文件夹、文件或奇怪的图标。

（5）菜单、控制面板中的一些项目丢失或处于不可激活状态。

（6）网络连接无法建立。

（7）工作正常的硬件设备变得不起作用。

（8）Windows XP 根本无法启动，或仅能从安全模式启动。

（9）Windows XP 系统显示"注册表损坏"等信息。

此时可采取以下方法修复注册表。

1）在 Windows XP 下用备份文件还原

如果 Windows XP 还能启动，只是出现出错提示信息并且有些系统程序不能用，选择【开始】|"所有程序"|"附件"|"系统工具"|"备份"命令，调出"备份工具"对话框，然后选择"备份工具"对话框中的"还原和管理媒体"选项卡，将注册表还原到损坏前的状态。此方

法有个前提条件,就是必须有注册表损坏前的备份文件。

2）用 Windows XP 的"系统还原"功能还原

和 1）一样,必须能启动 Windows XP 系统。选择【开始】|"所有程序"|"附件"|"系统工具"|"系统还原"命令,调出"系统还原"对话框,选中"恢复我的电脑到一个较早的时间"单选按钮,单击"下一步"按钮,选择一个较早的还原点,然后单击"下一步"按钮确认。

3）使用上次正常启动时的注册表配置

如 Windows XP 无法正常启动,可使用上次正常启动时的注册表配置。当计算机通过内存、硬盘自检后,按 F8 键,进入启动菜单,选择"最后一次正确的配置"项,这样 Windows XP 就可以正常启动,同时将当前注册表恢复为上次正常启动时的注册表。

4）使用安全模式恢复注册表

如果使用"最后一次正确的配置"项无效,则可以在启动菜单中选择"安全模式",这样 Windows XP 可自动修复注册表中的错误,从而使启动程序能够正常引导下去。引导进入系统后,再执行方法 1）或方法 2）。

本 章 小 结

本章首先介绍了 Windows XP 操作系统的基本硬件配置,Windows XP 的启动与退出,Windows XP 的桌面、窗口、菜单、帮助系统,鼠标和键盘操作等内容;之后,主要通过桌面管理、文件管理、系统设置、磁盘管理及常用附件的使用 5 个案例来具体介绍 Windows XP 操作系统的基本功能及操作技能。

通过对这 5 个案例的学习,读者应在了解 Windows XP 操作系统基本功能、特点和运行环境的前提下,能够熟练掌握 Windows XP 的桌面、窗口、菜单的相关属性及其相关操作技能,熟练掌握鼠标和键盘的使用方法,熟练使用 Windows XP 帮助系统,并做到能够熟练应用所学的知识,对 Windows XP 进行高效的桌面管理、文件管理、系统设置、磁盘管理及附件使用。

第 3 章　Word 2003 文字处理

Word 2003 是一个功能强大的文字处理软件,是 Office XP 的组件之一。本章主要介绍文档的创建、保存和打开等基本操作,文档的编辑,格式的设置,表格处理以及公式编辑器的使用,图形对象的插入,样式和模板以及邮件合并,页面设置和打印等内容,通过 4 个案例来学习 Word 2003 的使用。

本章学习目标

通过对本章的学习,读者应该基本做到以下几点:

- 熟练掌握 Word 界面的各个组成部分以及各种不同的视图方式;
- 熟练掌握 Word 文档的基本操作;
- 熟练掌握 Word 文档的编辑、排版;
- 掌握 Word 文档中表格的编辑方法以及数据的处理方法;
- 掌握 Word 文档图文混排的基本操作方法;
- 能够熟练使用公式编辑器;
- 熟悉页面排版与文档的打印;
- 了解目录的建立以及邮件合并的应用。

3.1　Word 2003 概述

3.1.1　Word 2003 的启动与退出

1. 启动 Word 2003

启动 Word 2003 可以用以下方法。

(1) 从开始菜单启动:单击任务栏中的【开始】按钮,选择菜单中的"所有程序" | Microsoft Office 2003 | Microsoft Office Word 2003 项。

(2) 用已有的文档启动:双击一个已有的 Word 文档,即可启动 Word 2003。

(3) 用桌面图标启动:双击桌面上的 Word 2003 图标,也可以启动 Word 2003。

2. 退出 Word 2003

(1) 单击 Word 2003 窗口右上角的"关闭"按钮或选择"文件" | "退出"命令。

(2) 如果文档没有保存,会出现图 3-1 所示的提示对话框。

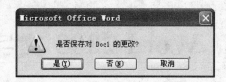

图 3-1   文件退出时的提示对话框

3.1.2   窗口介绍

启动 Word 2003 后,图 3-2 所示的窗口会出现在屏幕上。

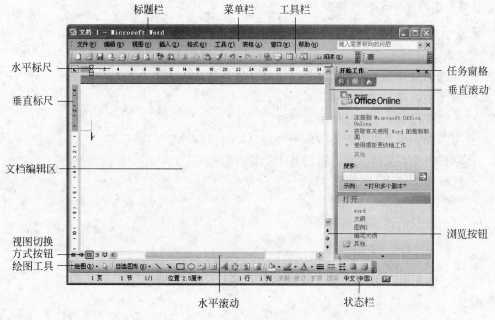

图 3-2   Word 2003 窗口

1. 标题栏

标题栏位于窗口的最上端,左边依次为"控制菜单"按钮、当前编辑的文档名和应用程序名,右边 3 个按钮 依次为"窗口最小化"按钮、"最大化/还原"按钮和"关闭"按钮。单击标题栏左边的 按钮会弹出 Word 的控制菜单,可以改变窗口的大小,或移动、恢复、最小化、最大化及关闭窗口,双击此按钮将退出 Word 2003。

2. 菜单栏

菜单栏由 9 项菜单组成,为用户提供了编辑文档的命令。单击下拉菜单底部的 按钮,会展开菜单中的所有命令。

通常,菜单命令的前、后会有一些符号,它们的含义是:

- 命令前面有图标表示可以将这些命令添加到工具栏中；
- 命令后面有组合键表示这个命令的键盘命令；
- 命令后有"…"表示单击该命令会打开一个对话框；
- 命令后有"▶"表示该命令有级联菜单；
- 按住 Alt 键可以激活菜单栏，用户可以直接在键盘上按菜单栏中菜单后面的字母键打开菜单。

3. 工具栏

Word 2003 提供了 20 多组工具栏，鼠标指向工具栏中任意位置右击即可显示工具栏菜单。要打开某个工具栏可在工具栏菜单中选择相应的工具栏，选择后菜单命令左侧有 ✔ 标记，表示该工具栏已打开。

除了使用工具栏提供的命令外，用户可以根据自己的编辑需要自定义工具栏。选择菜单中的"工具"|"自定义"命令，打开图 3-3(a)所示的"自定义"对话框，选择"工具栏"选项卡，单击"新建"按钮，打开图 3-3(b)所示的"新建工具栏"对话框，在其中自定义一个新的工具栏名称，单击"确定"按钮。然后，在"自定义"对话框的"命令"选项卡下选择需要添加的命令，鼠标指向该工具，按住左键将其拖曳到自定义工具栏中即可，如图 3-3(c)所示。

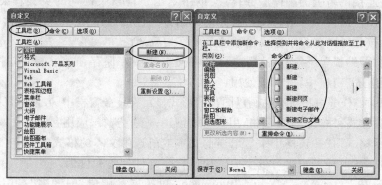

(a) "自定义"对话框

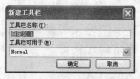

(b) "新建工具栏"对话框

(c) 自定义工具

图 3-3　自定义工具栏

若要删减工具栏中的工具，打开"自定义"对话框，在"命令"选项卡下选中工具栏的工具按住鼠标左键拖下来就可以了。

4. 任务窗格

Microsoft Office 2003 中的任务窗格可在恰当的时间为用户提供所需的工具，帮助用户顺利完成工作。当用户执行某些任务（例如，打开新的文档、寻求帮助或插入剪贴画）时，任务窗格会自动打开。有时，用户可能需要手动打开任务窗格。

Word 2003 提供了 14 种任务窗格，可方便用户使用，第一次启动 Word 2003 时打开的是"开始工作"任务窗格，单击任务窗格右上角的 ▼ 按钮，可以切换不同的任务。

任务窗格的作用如下。

- 使用"开始工作"任务窗格，用户可以开始新的工作。用户可以在 Office Online 区域到网上查找更多信息，可以在"搜索"文本框中输入关键词搜索信息，可以从"打开"区域打开已有的文档，可以单击"新建文档"选项创建一个新文档。

- 使用"帮助"任务窗格，用户可访问所有"Office 帮助"内容。任务窗格显示为活动应用程序的一部分。"帮助"任务窗格显示一些主题和其他帮助内容，并显示在活动应用程序的旁边，但与应用程序相分离。

- 使用"搜索"任务窗格，用户可以在"搜索"文本框中输入关键词搜索 Microsoft Office 帮助信息、培训和模板，也可以在 Office Online 区域到网上查找更多信息，还可以检索信息、搜索剪贴画等。

- 使用"信息检索"任务窗格，用户可以使用信息检索服务，并利用检索结果编辑文档。用户可直接在"搜索"文本框中输入关键词进行信息检索，检索范围的参考资料提供了翻译功能和英文助手，翻译功能提供了基本的双语词典和中英文翻译，并可连接网络上的翻译服务；英文助手给出了检索关键词的英文释义，极大地方便了用户的使用。信息检索服务的调用方式包括选择"工具"|"信息检索"命令，或者按住 Alt 键并单击要检索的某个字词或短语。

- 使用"剪贴板"任务窗格，用户可以将文本或图片保存在剪贴板中，并显示在"剪贴板"任务窗格中，以方便使用。

- "剪贴画"任务窗格将剪贴画以图片的形式显示在任务窗格中，方便用户插入图片。

- 使用"样式和格式"任务窗格，用户可以创建、查看、选择、应用和清除文本中的格式。

- "显示格式"任务窗格用来显示当前文本或所选中文本的格式。

- "邮件合并"任务窗格可以生成信函、信封、邮件标签和目录。

- XML 是 Extensible Markup Language（可扩展标记语言）的缩写，用 Word 打开 *.doc 文件，在"文件"菜单中选择另存为 *.xml 就可以了。XML 是世界上发展最快的技术之一，它的主要目的是使用文本以结构化的方式来表示数据。在某些方面，XML 文件类似于数据库，提供数据的结构化视图。

5．标尺

标尺分为水平标尺和垂直标尺，用来查看页面的尺寸，可以设置页边距、段落缩进等，选择"视图"|"标尺"命令可显示或隐藏标尺。标尺有多种度量单位，如厘米、毫米、磅、英寸、字符等，可选择"工具"|"选项"|"常规"命令进行设置。水平标尺在页面视图、Web版式视图和普通视图下可以看到，而垂直标尺只在页面视图和打印预览下才可看到。

6．文档编辑区

文档编辑区是位于标尺下方的空白区域，用户可以在其中输入文本、插入图片、设置文本格式等。在编辑文档时,编辑区中有一个闪烁的光标符号,称为插入点,表示要插入的文字或对象出现的位置,是各种编辑修改命令生效的位置,同时也是确定拼写、语法检查、查找等操作的起始位置。

另外,编辑区的左边还有一个专门用于快速选定文本块的区域,称为选定区。

7. 滚动条

滚动条分为水平滚动条和垂直滚动条,移动滚动条可以浏览窗口之外的文本,显示或隐藏滚动条可以通过选择"工具"|"选项"|"视图"命令进行设置。

8. 状态栏

状态栏显示当前的文本状态,如页数、节、目前所在的页数/总页数、光标所在位置的行号和列号,还有当前的工作方式,包括录制、修订、扩展、改写,鼠标指向其中一种方式双击就可进入或退出该工作方式。

9. 浏览按钮

浏览按钮位于垂直滚动条的下面,选择其中一种浏览方式可快速浏览文本内容。

10. 视图切换方式按钮

视图是指文档的显示方式,视图切换方式按钮位于编辑区的左下方,Word 2003 根据不同的编辑要求可切换到不同的视图方式下显示文本。

- 普通视图:可以方便地进行文本的输入、编辑,同时能显示出分页符(一条虚线),但它和打印出来的文本格式不同。
- 页面视图:适合编辑文本、插入图形等,所见即所得,同打印出来的文本格式一致。
- 大纲视图:用来制作或修改大纲,使文档按照标题分层次显示。
- Web 版式视图:方便联机阅读,便于制作网页。
- 阅读版式视图:窗口分两页显示,不显示页边距等,尤其是缩略图显示方式可极大地方便用户阅读文档。

3.2　Word 2003 基本操作

3.2.1　文档的创建及保存

1. 创建新文档

创建新文档的方法有 3 种。

(1) 单击【开始】按钮,选择"所有程序"| Microsoft Office 2003 | Microsoft Office

Word 2003 命令,系统在启动 Word 2003 的同时新建一个空白文档,其默认文件名为"文档 1"。

(2) 在已经打开的 Word 文档中选择菜单中的"文件"|"新建"命令,选择空白文档,或者直接单击工具栏中的"新建空白文档"按钮,也可以新建一个空白文档。

(3) 根据模板创建文档。打开"新建文档"任务窗格,选择"本机上的模板"选项,打开"模板"对话框,选择一个模板,则可以快速建立一个具有所选模板格式的文档。

2. 保存文档

在 Word 2003 中,保存文档的操作分以下几种情况。

1) 保存当前打开的文档

(1) 选择菜单中的"文件"|"保存"命令,也可以单击工具栏中的"保存"按钮,打开"另存为"对话框,如图 3-4 所示。

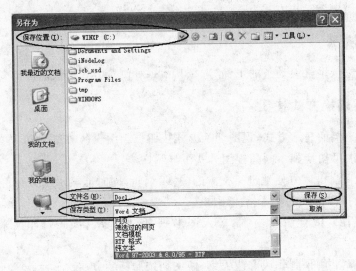

图 3-4　文件"另存为"对话框

(2) 在"文件名"文本框中输入要保存文档的文件名。系统默认的文件名为"文档 1",扩展名为.doc。

(3) 在"保存位置"下拉列表框中选择文件的保存位置。默认保存位置是"我的文档"。

(4) 在"保存类型"下拉列表框中选择文件的保存类型。系统默认保存类型为"Word 文档"。

2) 一次性保存打开的多个文档

按住 Shift 键,同时选择菜单中的"文件"|"全部保存"命令,如图 3-5 所示。

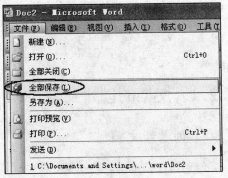

图 3-5　"全部保存"命令

3）保存修改后的文件，同时又不覆盖原来的文件

选择"文件"|"另存为"命令，为文件另取一个文件名保存。

4）Word 上的自动保存设置

在突然停电、死机等意外情况下，为了能够恢复未保存的文档，以防止编辑的文档丢失或将丢失的程度降到最低，Word 2003 提供了自动保存功能，设置方法如下。

（1）选择 Word 菜单中的"工具"|"选项"命令，打开"选项"对话框。

（2）选择"保存"选项卡，在"自动保存时间间隔"选项中设置间隔时间（系统默认是 10 分钟），如图 3-6 所示，单击"确定"按钮。此后，Word 就会每 10 分钟对正在编辑的文档自动保存一次。

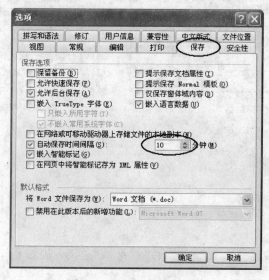

图 3-6 "选项"对话框（一）

5）设置密码保护

Word 文档允许设置密码保护，防止其他人使用、修改。

密码保护的设置方法如下。

（1）在 Word 文档中选择菜单中的"工具"|"选项"命令，打开"选项"对话框。

（2）选择"安全性"选项卡，在"打开文件时的密码"文本框内设置打开文件密码，如图 3-7 所示。

（3）在"修改文件时的密码"文本框内输入修改密码。密码错误只能以只读方式打开。

3. 关闭文档

关闭文档分以下几种情况。

1）关闭当前打开的文档

选择菜单中的"文件"|"关闭"命令。如果在上次保存文档之后进行了修改，Word 2003 会询问是否要保存所做的修改。

2）一次性关闭多个打开的文档

按住 Shift 键，同时选择菜单中的"文件"|"全部关闭"命令，如图 3-8 所示。

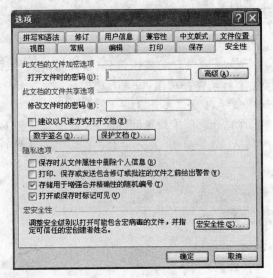

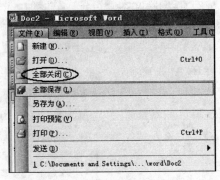

图 3-7　"选项"对话框(二)　　　　　　　图 3-8　"全部关闭"命令

3.2.2　文本的编辑

1. 标点符号的输入

1) 常用标点符号

选择菜单中的"视图"|"工具栏"|"符号栏"命令,状态栏下面就会出现符号工具栏。

2) 特殊符号

选择菜单中的"插入"|"符号"命令,打开"符号"对话框,选择符号插入。

2. 选定文本

1) 任意选定一段文本

将插入点移至待选文字的开始处,然后按住鼠标左键不放,拖动鼠标到结尾处;或者按住 Shift 键,再用鼠标单击待选文本结束处。

2) 矩形块的选择

将插入点移至待选文字的开始处,然后按住 Alt 键,垂直拖动鼠标到结尾处即可。

3) 选中一行或多行

将插入点移至待选文字的开始处,将鼠标指针移至待选行的左侧空白区,当鼠标变成向右指的空箭头时单击,即可选定该行;按住左键不放,上下移动可以选定多行;选择"编辑"|"全选"命令,就可选择全文。

4) 选中一个语句或一个自然段

鼠标指向一个语句双击即可选中该语句,指向一个自然段三击即可选中该自然段。

3. 文本的复制、移动和删除

(1) 选中文本,选择菜单中的"编辑"|"复制"或"编辑"|"剪切"命令,或单击右键,在弹出的快捷菜单中选择"复制"或"剪切"命令,选中的内容就被复制到剪贴板,再选择菜单中的"编辑"|"粘贴"命令,可复制或移动到别处。

(2) 要删除文本则可选中该文本,按 Delete 键删除。

4. 格式的复制和清除

1) 格式的复制

选中已设置格式的文本,单击"常用"工具栏中的"格式刷"按钮,此时鼠标指针变为刷子形,将鼠标指针移到要复制格式的文本开始处,单击左键拖动鼠标直到要复制格式的文本结束处,放开鼠标左键就完成格式的复制。

2) 格式的清除

如果要清除所设置的文本格式,可以使用组合键。其操作步骤是:选定要清除格式的文本,按组合键 Ctrl+Shift+Z。

5. 恢复与撤销命令

选择菜单中的"编辑"|"撤销"命令或直接单击工具栏中的"撤销"按钮,可将上一步操作取消,使文档还原到操作前的状态。

"恢复"命令与"撤销"命令的功能正好相反,可以将文档恢复到撤销操作前的状态。如果删除错误,可以选择"撤销"命令或单击"撤销"按钮。

3.3　案例1——文学小报1

本节通过文学小报 1 的制作介绍 Word 文档中字符格式、段落格式的设置等基本操作。

本节案例的任务是创建图 3-9 所示的文学小报 1。

3.3.1　案例操作

1. 文字录入

通过键盘输入或从网络上获取冰心的"荷叶·母亲"一文。

2. 设置字体格式

(1) 选中要设置字体格式的内容(这里是第三自然段),选择菜单中的"格式"|"字

荷叶·母亲

冰心

图 3-9　文学小报 1

体”命令，打开“字体”对话框。如图 3-10(a)所示，将第三自然段的内容设为楷体、加粗、四号字，字体颜色设为橙色。

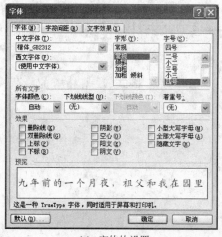

(a) 字体的设置

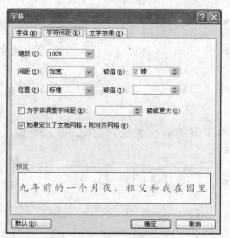

(b) 字符间距的设置

图 3-10　设置字体格式

（2）选择“字符间距”选项卡，如图 3-10(b)所示，字间距设置为 2 磅，同时可设置字间距的缩放（按百分比缩放）和字符的位置（包括提升和降低）。

3. 设置段落格式

(1) 选中要设置格式的段落,选择菜单中的"格式"|"段落"命令,打开"段落"对话框,如图 3-11 所示。

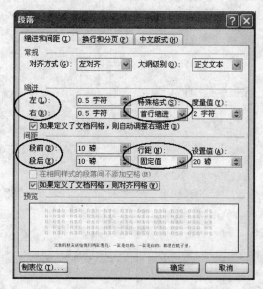

图 3-11 "段落"对话框

(2) 在"缩进"项内设置左右各缩进 0.5 个字符,首行缩进为 2 字符,在"间距"项内设置段前和段后间距均为 10 磅,行距为固定值 20 磅。

4. 查找和替换

(1) 选择菜单中的"编辑"|"视图"|"查找"命令,打开查找和替换对话框,如图 3-12(a)所示。

(2) 在"查找内容"下拉列表框内输入"红莲",不设置任何格式;在"替换为"下拉列表框内也输入"红莲"。

(3) 将光标定位在"替换为"下拉列表框内,单击"格式"按钮,在弹出的子菜单中选择"字体"命令,弹出"替换字体"对话框,如图 3-12(b)所示,在相应的项目中设定"红莲"为楷体、加粗倾斜、四号字,字体颜色设为"粉红",并带有着重号,然后单击"确定"按钮。

(4) 单击"全部替换"按钮。

5. 边框和底纹

(1) 选中要设置的内容(这里是第四自然段),选择菜单中的"格式"|"边框和底纹"命令,打开"边框和底纹"对话框,如图 3-13(a)、图 3-13(b)所示。

(2) 在"边框"选项卡内选择一种边框,如方框或阴影,设置边框的线型、颜色和宽度。

(3) 在"底纹"选项卡内选择填充颜色和图案样式及颜色。

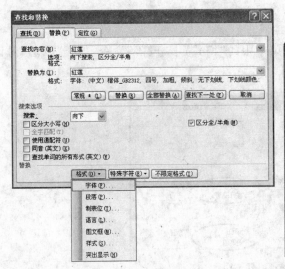

(a) "查找和替换"对话框   (b) "替换字体"对话框

图 3-12 查找和替换

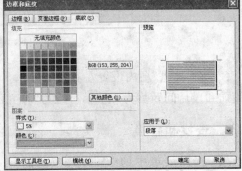

(a) "边框" 选项卡   (b) "底纹" 选项卡

图 3-13 "边框和底纹"对话框

6. 分栏

（1）选中要分栏的内容（第三～七自然段），选择菜单中的"格式"|"分栏"命令，打开"分栏"对话框，如图 3-14 所示。

（2）在"预设"项中选择"两栏"或"偏右"，选中"分隔线"复选框，单击"确定"按钮。

7. 首字下沉

（1）将光标定位在正文开头的位置，选择菜单中的"格式"|"首字下沉"命令，打开"首字下沉"对话框，如图 3-15 所示。

（2）在"位置"项中选择"下沉"，在"选项"项中选择字体、下沉行数、与正文的间距。

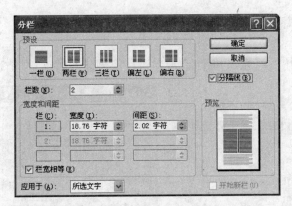

图 3-14 "分栏"对话框　　　　　　　　图 3-15 "首字下沉"对话框

8. 中文版式

(1) 将标题设为新宋体、加粗的三号字。

(2) 选中标题,选择菜单中的"格式"|"中文版式"|"拼音指南"命令,打开"拼音指南"对话框,为标题填加拼音。

在"中文版式"中还可以设置合并字符、带圈字符等。

9. 页眉和页脚

(1) 选择菜单中的"视图"|"页眉和页脚"命令,打开"页眉和页脚"工具栏,如图 3-16 所示。

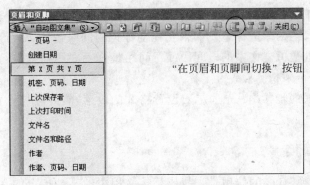

图 3-16 "页眉和页脚"工具栏

(2) 在页眉处插入"散文欣赏",单击"在页眉和页脚间切换"按钮切换到页脚,选择"插入自动图文集"子菜单中的任一内容。

10. 插入页码

选择菜单中的"插入"|"页码"命令,打开"页码"对话框,如图 3-17 所示,设置页码。

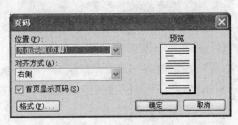

图 3-17 "页码"对话框

11. 插入脚注和尾注

（1）选择菜单中的"插入"｜"引用"｜"脚注和尾注"命令，打开"脚注和尾注"对话框，如图 3-18 所示。

（2）插入尾注，内容为"选自《冰心文集》第一卷"，尾注文字为华文楷体、小五号字，自定义编号格式、尾注标记等。

3.3.2　知识技能点提炼

分析案例，主要涉及的知识点有以下几点。

1. 字体格式的设置

字体格式的设置包括对所有文字的字体、字符间距和文字效果的设置。

使用"格式"工具栏设置文字的格式，也可以选择"格式"下拉菜单中的"字体"命令设置文字的格式。

图 3-18　"脚注和尾注"对话框

需要注意的是，在设置文字的格式时首先要选定要设置格式的文本。

2. 段落格式的设置

段落排版包括段落的缩进（指左右缩进和首行缩进）、间距（指段前段后距离和段落中的行距）以及对齐方式等。

使用"格式"工具栏，或选择"格式"｜"段落"命令，设置段落格式。设置缩进时也可用鼠标拖动水平标尺上的缩进标记。如果在拖动标记的同时按住 Alt 键，那么在标尺上会显示出具体缩进的数值。文本的段间距或行间距最好不要用插入空行来解决，而要选择"格式"｜"段落"命令来精确设置。

设置段落格式的步骤是：先选定要设置格式的段落，然后进行设置。最后可在预览框查看设置结果。

3. 查找和替换

"查找"和"替换"命令的作用是查找或替换文档中的某一指定的文本或特殊符号等，分为常规查找替换和高级查找替换。

1）常规查找和替换

选择"编辑"｜"查找"命令或按快捷键 Ctrl＋F，打开"查找和替换"对话框。在"查找内容"下拉列表框中输入要查找的文本，单击"查找下一处"按钮开始查找。如果需要替换，在"替换"选项卡中的"替换为"下拉列表框中输入要替换的内容，单击"替换"按钮，否则单击"查找下一处"按钮继续查找。如果要一次全部替换，单击"全部替换"按钮即可。

2）高级查找和替换

单击"查找和替换"对话框中的"高级"按钮，在打开的对话框中设置"搜索选项"、设置查找和替换文本的格式、设置查找和替换的特殊字符等条件,可以快速查找到符合条件的文本。

其中,"搜索选项"包括:

- 搜索范围:搜索范围有"全部"、"向上"和"向下"3个选项。其中,"全部"表示从插入点开始向文档末尾查找,然后再从文档开头查找到插入点处;"向下"表示从插入点查找到文档末尾;"向上"表示从插入点开始向文档开头处查找。
- 区分大小写和全字匹配:主要用于查找英文字母或单词。
- 使用通配符:选中此复选框可在"查找内容"下拉列表框中输入通配符实现模糊查找。
- 区分全角和半角:选中此复选框,可区分全角或半角的英文字符和数字,否则不予区分。

如要查找特殊字符,则可单击对话框中的"特殊字符"按钮,打开"特殊字符"列表,从中选择所需的特殊字符。

如果所查找或替换的文字要设置格式,则单击对话框中的"格式"按钮。值得注意的是,在操作中首先选中要查找或替换的文字,再单击"格式"按钮,按指定的格式进行设置。

如果要删除所查找或替换文字的格式,则可单击"不限定格式"按钮。

4. 添加边框和底纹

(1) 选中文本,选择"格式"|"边框和底纹"命令,打开"边框和底纹"对话框。

(2) 在"边框"选项卡内选择边框形式,再设置边框的线型、颜色和宽度。

(3) 在"底纹"选项卡内选择填充颜色和图案样式及颜色。

(4) 在"应用于"下拉列表框中选择应用范围,如"文字"或"段落"。

5. 分栏

(1) 选中要分栏的内容,选择"格式"|"分栏"命令,打开"分栏"对话框。

(2) 在"预设"项中选择栏数,设置栏宽、间距和"分隔线"复选框,单击"确定"按钮。

6. 首字下沉

(1) 将光标定位在正文开头的位置,选择"格式"|"首字下沉"命令,打开"首字下沉"对话框。

(2) 在"位置"项中选择"下沉",在"选项"项中选择字体、下沉行数、与正文的间距。

7. 中文版式

选中要设置的内容,选择菜单中的"格式"|"中文版式"命令,在"中文版式"中可以设置拼音指南、带圈字符、纵横混排、合并字符和双行合一等。

8. 插入页眉和页脚

(1) 选择"视图"|"页眉和页脚"命令,打开"页眉和页脚"工具栏。

(2) 在页眉处插入要设置的内容,单击"在页眉和页脚间切换"按钮切换到页脚,插入页脚内容或选择"插入自动图文集"子菜单中的任一内容。

如果不同的页需要不同的页眉和页脚,可以插入分节符,在不同的节设置不同的页眉和页脚。可单击"页眉和页脚"工具栏中的"显示前一项"按钮和"显示下一项"按钮切换到不同的节进行设置。

9. 插入页码

选择"插入"|"页码"命令,打开"页码"对话框,设置页码插入位置、对齐方式等。

10. 插入脚注和尾注

(1) 选择"插入"|"引用"|"脚注和尾注"命令,打开"脚注和尾注"对话框。

(2) 选中"脚注"或"尾注"单选按钮,设置插入位置,定义编号格式、尾注标记等。

脚注的作用是对文本中某处内容进行注释说明,通常位于页面底端;尾注用于说明引用文献的来源,一般位于文档末尾。

脚注和尾注只有在页面视图下可见。

3.4　案例 2——文学小报 2

在实际应用中,Word 文档中通常不是只有文字,而是图文并茂的。对于这样的文档需要插入对象(如图片、艺术字等),实现图文混排。

本节案例的任务是创建图 3-19 所示的文学小报 2。

3.4.1　案例操作

在本案例中,除了输入文本外,还需要插入 4 个文本框、3 幅图片和一个自选图形,其操作步骤如下(注: 所有插入对象均按照案例所示的位置放置)。

1. 插入艺术字并设置格式

选择"插入"|"图片"|"艺术字"命令,插入艺术字标题"散文欣赏",按案例所示设置艺术字的格式。

2. 插入图片并设置格式

选择"插入"|"图片"|"剪贴画"或"来自文件"命令,插入两幅大小为 $3cm \times 7cm$ 的图片作为题头图片。

3. 插入文本框并设置格式

(1) 选择"插入"|"文本框"|"横排"命令,插入大小为 $7.5cm \times 6.5cm$ 的文本框,在文本框中输入"荷叶·母亲",并设置文本框的边框为无色。

图 3-19　文学小报 2

（2）选择菜单中的"插入"｜"文本框"｜"竖排"命令，插入两个 3cm×7cm 的文本框并建立链接，在文本框中输入"再别康桥"，要求文字为新宋体、小五号字，并设置文本框填充与线条为同一颜色。

4. 输入短文

输入短文《听听那冷雨》，插入一幅图片，设置图片的"文字环绕"为"四周型"，"水平对齐方式"为"左对齐"，字体为楷体、小五号字。

5. 插入自选图形并设置格式

（1）打开"绘图"工具栏，选择"自选图形"下拉菜单中"星与旗帜"下的一个"横卷形"图形插入文中，设置其大小为 1.5cm×3.5cm，设置图形格式，并在图中添加文字"散文欣赏"。

（2）打开"绘图"工具栏，选择两条直线段插入文中，用来分隔正文与文本框，选中线段并设置其线型、颜色。

3.4.2 知识技能点提炼

下面结合案例介绍相关知识点。3.3 节对文档的创建及保存、文档的基本操作和文档排版的相关知识已作了详细介绍。这里只介绍图片、艺术字、文本框的插入及格式设置的相关知识。

1. 插入图片

1）插入图片

将光标移至文中要插入图形处，选择菜单中的"插入"｜"图片"｜"剪贴画"或"来自文件"命令。

如果选择"剪贴画"命令，则会打开"剪贴画"任务窗格，搜索剪贴画插入；如果选择"来自文件"命令，则打开"插入图片"窗口，查找文件插入图片。

2）设置图片格式

双击插入的图片，打开"设置图片格式"对话框。通过选择不同的选项卡，可设置艺术字的颜色与线条、大小、版式和图片。也可以右击图片，在弹出的快捷菜单中选择"设置图片格式"命令，按要求进行设置。

- "颜色与线条"：设置图片的填充色，外边框线条的颜色、线型和粗细，如图 3-20 所示。
- "大小"：设置图片的精确尺寸（高度和宽度）、旋转角度以及缩放比例，如图 3-21 所示。

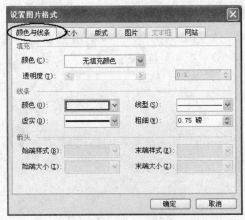

图 3-20　"颜色与线条"选项卡

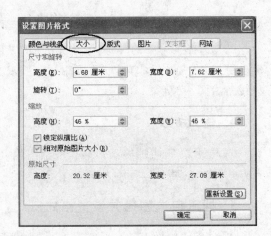

图 3-21　"大小"选项卡

也可以选中图片，直接拖动图片的 8 个句柄调整图片尺寸。

- "版式"：设置图片的文字环绕方式和水平对齐方式，如图 3-22(a)所示。

在环绕方式中，嵌入型是图片以文字方式插入，其他环绕方式都是以图片方式出现；水平对齐方式是指图片在文中水平位置的对齐方式。

单击"高级"按钮可以打开"高级版式"对话框,如图 3-22(b)所示,通过它可以对图片进行更细致的设置。

- "图片":对图片进行裁剪以及图像控制。

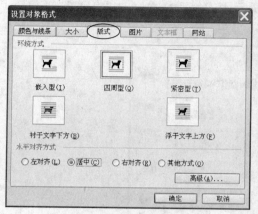

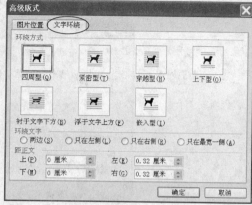

(a) "版式"选项卡 　　　　　　　　　　　　　(b) "高级版式"对话框

图 3-22　设置图片的版式

如图 3-23 所示,裁剪可以从图片的上下左右精确地裁剪掉不需要的部分。图像控制可以调节图像的亮度、对比度和颜色。单击"压缩"按钮可压缩裁剪掉的部分。

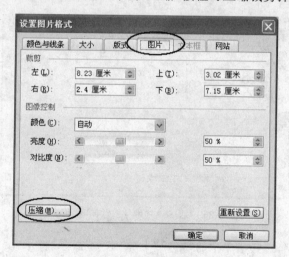

图 3-23　"图片"选项卡

此外,选中图片,单击右键,在弹出的快捷菜单中选择"显示'图片'工具栏"命令,弹出"图片"工具栏,如图 3-24 所示,通过它亦可快捷地设置图片的格式。

图 3-24　"图片"工具栏

2. 插入、编辑艺术字

（1）选中要设置的文字（即标题"散文欣赏"），选择菜单中的"插入"|"图片"|"艺术字"命令，打开"艺术字库"对话框，如图 3-25 所示，选择一种样式，单击"确定"按钮。

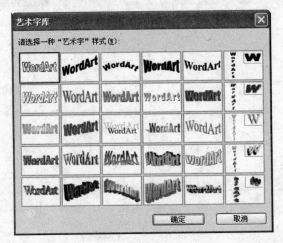

图 3-25 "艺术字库"对话框

（2）在弹出的图 3-26 所示的"编辑'艺术字'文字"对话框中，编辑文字，插入艺术字。

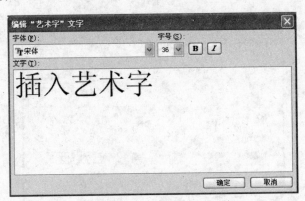

图 3-26 "编辑'艺术字'文字"对话框

（3）选中艺术字，选择菜单中的"格式"|"艺术字"命令，打开"设置艺术字格式"对话框，如图 3-27 所示，可设置艺术字的颜色与线条、大小、版式。

（4）单击插入的艺术字，即可打开"艺术字"工具栏，如图 3-28 所示，通过该工具栏可设置艺术字形状，打开艺术字字库更改样式，设置艺术字格式、文字环绕、对齐方式、间距等。

3. 插入、编辑文本框

（1）将光标移至文中要插入文本框的位置，选择菜单中的"插入"|"文本框"|"横排"或"竖排"命令。

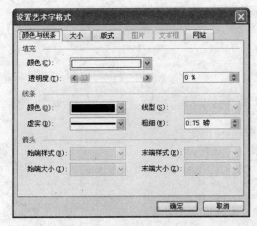

图 3-27 "设置艺术字格式"对话框

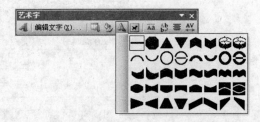

图 3-28 艺术字形状示意图

（2）选中图片，选择菜单中的"格式"｜"文本框"命令，打开"设置文本框格式"对话框，如图 3-29 所示，设置文本框的颜色与线条、大小、版式和文本框的内部边距。

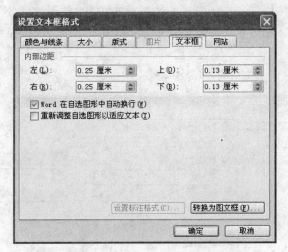

图 3-29 "设置文本框格式"对话框

或者右击插入的文本框，在弹出的快捷菜单中选择"设置文本框格式"命令，在打开的"设置文本框格式"对话框中进行设置。

（3）创建文本框链接。插入至少两个文本框，选中第一个文本框单击鼠标右键，弹出快捷菜单，选择"创建文本框链接"命令，这时鼠标指针变为一个杯子形状，然后指向第二个文本框，鼠标指针变为一个杯子倾倒形状时，单击鼠标完成链接设置。

4. 插入自选图形

（1）选择"视图"｜"工具栏"｜"绘图"命令，打开"绘图"工具栏。

（2）将光标移至"绘图"工具栏，选择"自选图形"下拉菜单中的一个图形插入文中，如图 3-30 所示。

图 3-30 "绘图"工具栏"自选图形"下拉菜单

（3）选中插入的图形，选择菜单中的"格式"｜"自选图形"命令，打开"设置自选图形格式"对话框，可设置自选图形的颜色与线条、大小和版式。也可以选中自选图形单击鼠标右键，弹出快捷菜单，选择"设置自选图形格式"命令来设置。

（4）选中插入的图形右击，在弹出的快捷菜单中选择"添加文字"命令，如图 3-31 所示，为图形添加文字。通过快捷菜单还可设置多个图形的组合（按住 Shift 键选中多个图形）、叠放次序。

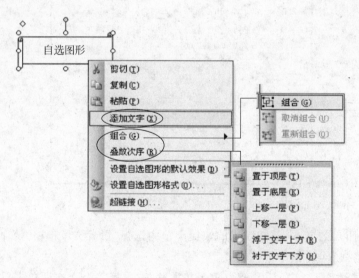

图 3-31 自选图形的快捷菜单

5. 插入公式

Word 2003 提供了公式编辑器，用户可以方便地编辑数学公式，使用方法如下。

（1）选择菜单中的"插入"｜"对象"命令，打开"对象"对话框，如图 3-32 所示。

（2）选择"对象类型"中的"Microsoft 公式 3.0"，打开"公式"工具栏，如图 3-33 所示。

（3）根据欲插入公式的内容，选择相应的模板编辑公式。

———————————— 计算机应用基础案例教程

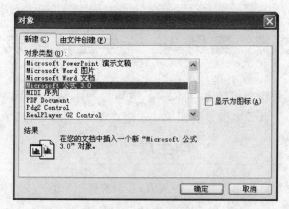

图 3-32 "对象"对话框

图 3-33 "公式"工具栏

"公式"工具栏通常分为两栏,上面一栏是符号栏,用于插入各种数学符号;下面一栏是模板栏,用于插入积分、求和等公式符号。

在输入公式时,公式中各元素的大小、间距、编排均能够自动调整。

6. 插入超链接

在 Word 2003 文档中,可直接选中文字、图片或表格内容插入超链接,可以链接到网址、文件或邮件,具体操作如下。

(1)选中一段文字或图片,选择菜单中的"插入"|"超链接"命令或右击在弹出的快捷菜单中选择"超链接"命令,打开"插入超链接"对话框,如图 3-34 所示。

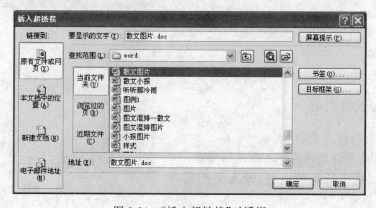

图 3-34 "插入超链接"对话框

(2)在"链接到"项内选择位置。在"查找范围"下拉列表框中选择链接到的文件。如果链接到网络,在地址栏内输入网址。如果链接到邮件,在地址栏内输入邮箱地址。

3.5 案例3——学生成绩表

学生成绩表是学校管理成绩常用的表格,它可以利用 Word 提供的表格功能建立,也可以利用 Excel 建立。本节案例是利用 Word 建立图 3-35 所示的学生成绩表。

学生成绩表

成绩 姓名	科目	数学	英语	计算机	总分	平均分
1	李丽	98	87	69		
2	王平	79	65	82		
3	周涛	73	90	85		
4	刘刚	90	69	97		
最高分						
最低分						

图 3-35　"学生成绩表"示例

3.5.1 案例操作

1. 创建表格

(1) 将鼠标定位在 Word 2003 文档欲插入表格的位置,选择"表格"|"插入"|"插入表格"命令,打开"插入表格"对话框,如图 3-36 所示。

(2) 将"表格尺寸"设置为 7 行、7 列,固定列宽。

(3) 单击"确定"按钮。

2. 输入表格内容

1) 在表格内输入文字

(1) 按照案例在表格内输入相应的内容。

(2) 在新建表格外的上方,输入表头题目"学生成绩表"。

2) 插入斜线表头

(1) 将光标定位在表格的第 1 行第 1 列单元格中,选择菜单中的"表格"|"绘制斜线表头"命令,打开"插入斜线表头"对话框,如图 3-37 所示。

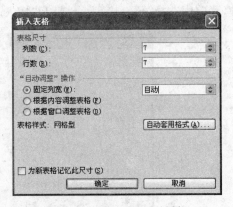

图 3-36　"插入表格"对话框

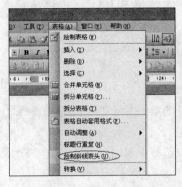 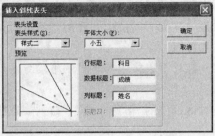

图 3-37 "插入斜线表头"对话框

（2）在对话框内设置"表头样式"为"样式二"，"行标题"内容为"科目"，"数据标题"内容为"成绩"，"列标题"内容为"姓名"。

（3）单击"确定"按钮。

3. 表格的格式化

（1）选中整个表格，通过工具栏将字体设置为宋体、小四号、黑色。

（2）选中表格的标题，将其设置为隶书、三号、加粗、红色、居中。

（3）选中整个表格，将鼠标置入其中右击，在弹出的快捷菜单中选择"单元格对齐方式"命令，设置水平及垂直对齐均为居中方式。

（4）选中要合并的单元格，选择菜单中的"表格"|"合并单元格"命令即可，如图 3-38 所示。

4. 表格内数据的计算与排序

1）表格内数据的计算

• "总分"计算

（1）将光标移至表格中"李丽"的总分对应的单

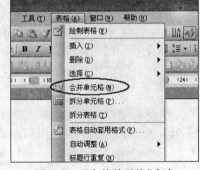

图 3-38 "合并单元格"命令

元格 E2 内，选择"表格"|"公式"命令，打开"公式"对话框，如图 3-39 所示。

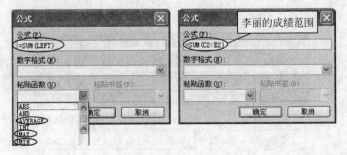

图 3-39 "公式"对话框

（2）在对话框中的"粘贴函数"下拉列表框中选择 SUM 函数，将函数参数设置为 LEFT 或 B2：D2。

（3）单击"确定"按钮。

（4）对表中其他 3 人使用同样的方法进行计算。

- "平均分"计算

（1）将光标移至表格中"李丽"的平均分对应的单元格 F2 内，选择"表格"｜"公式"命令，打开"公式"对话框。

（2）在对话框中的"粘贴函数"下拉列表框中选择 AVERAGE 函数，将函数参数设置为 B2：D2。

（3）单击"确定"按钮。

（4）对表中其他 3 人使用同样的方法进行计算。

- 统计最高分

（1）将光标移至表格中"李丽"所在列的最高分对应的单元格 B6 内，选择"表格"｜"公式"命令，打开"公式"对话框。

（2）在对话框中的"粘贴函数"下拉列表框中选择 MAX 函数，将函数参数设置为 ABOVE 或 B2：B5。

（3）单击"确定"按钮。

（4）对表中其他 4 列使用同样的方法进行计算。

- 统计最低分

（1）将光标移至表格中"李丽"所在列的最低分对应的单元格 B7 内，选择"表格"｜"公式"命令，打开"公式"对话框。

（2）在对话框中的"粘贴函数"下拉列表框中选择 MIN 函数，将函数参数设置为 B2：B5。

（3）单击"确定"按钮。

（4）对表中其他 4 列使用同样的方法进行计算。

2）表格内数据的排序

选中 E2 到 E5 单元格，如图 3-40 所示。

成绩 科目 姓名	数学	英语	计算机	总分	均分
4 刘刚	90	69	97	256	85.33
1 李丽	98	87	69	254	84.67
3 周涛	73	90	85	248	82.67
2 王平	79	65	82	226	75.33
最高分	98	90	97	256	85.33
最低分	73	65	85	226	75.33

图 3-40　选中单元格

选择"表格"|"排序"命令,打开"排序"对话框,如图 3-41 所示,将"主要关键字"设为"列6",按降序排列。

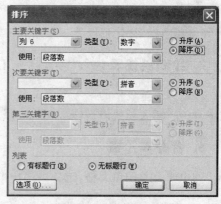

图 3-41 "排序"对话框

3.5.2 知识技能点提炼

下面结合案例介绍相关知识点。

1. 表格的创建

创建表格的方法有 3 种。

(1) 如图 3-42 所示,选择菜单中的"表格"|"插入"|"表格"命令,打开"插入表格"对话框,如图 3-43 所示,输入对应参数,单击"确定"按钮完成表格的创建。

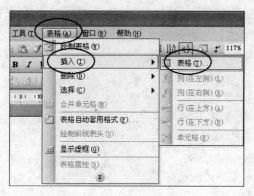

图 3-42 建立表格菜单

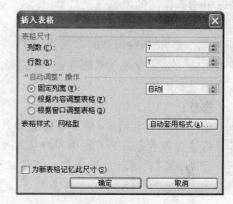

图 3-43 "插入表格"对话框

(2) 单击工具栏中的"插入表格"按钮,如图 3-44 所示,插入表格。

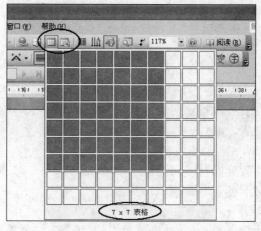

图 3-44 利用工具栏插入表格示意图

（3）手工绘制表格。选择菜单中的"表格"|"绘制表格"命令或单击"常用"工具栏中的"表格和边框"按钮可以手工绘制表格。

2. 绘制斜线表头

将光标移至表格的第1行第1列单元格中，选择菜单中的"表格"|"绘制斜线表头"命令，打开"插入斜线表头"对话框，按照提示和需要填入对应的内容。

3. 合并单元格

选中要合并的单元格，选择菜单中的"表格"|"合并单元格"命令即可。

4. 表格内数据的计算

Word 2003可以利用系统提供的公式和函数计算总分、平均分、最高分和最低分等值。方法是选择菜单中的"表格"|"公式"命令，打开"公式"对话框，在"粘贴函数"下拉列表框中选择相应的函数进行计算。

常用的函数有SUM（求和）、AVERAGE（求平均值）、MAX（求最大值）和MIN（求最小值）等。这些函数所带的参数有两种表现形式：一种是用LEFT、RIGHT、ABOVE分别表示求光标所在单元格的左边、右边和上边数据的相应函数值；另一种是用单元格的地址范围表示。

注意：

① 在Word表格中，单元格地址的行用数字从小到大表示，列按字母顺序表示。如第2行第3列的地址为C2，而C2～E2用C2:E2表示。

② "公式"对话框中的等号＝不可以省略。

③ "公式"对话框中的冒号和逗号必须使用英文状态下的符号。

5. 表格内数据的排序

选择菜单中的"表格"|"排序"命令，打开"排序"对话框，设置主要关键字，如果有必要还需设置次关键字或第三关键字，选择"降序"或"升序"进行排列。

注意：要根据实际表格来选择"有标题行"或"无标题行"排序。

6. 表格的编辑

1）插入行或列

将光标移至表格中要插入行或列的单元格中，选择菜单中的"表格"|"插入"命令，在下拉菜单中选择插入位置，如图3-45（a）所示。

2）删除行或列

将光标移至表格中要删除行或列的单元格中，选择菜单中的"表格"|"删除"命令，在下拉菜单中选择"行"或"列"，如图3-45（b）所示。

3）删除表格

将光标移至表格中的任意位置，选择菜单中的"表格"|"删除"|"表格"命令，即可删除表格。

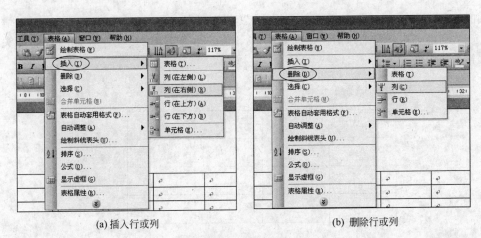

(a) 插入行或列　　　　　　　　　　　　　　(b) 删除行或列

图 3-45　表格的编辑

7. 表格的选定

1) 选定列

将鼠标指针移至表格中待选列的顶端边线位置,当指针变为向下的实心黑色箭头时,单击左键可以选定该列,如图 3-46(a)所示。

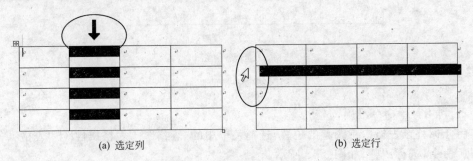

(a) 选定列　　　　　　　　　　　　　　(b) 选定行

图 3-46　表格行、列的选定

2) 选定行

将鼠标指针移至表格中待选行的左端,当指针变为向右的空箭头时,单击左键可以选定该行,如图 3-46(b)所示。

3) 选定整个表格

当鼠标指针指向表格左上角的双向十字箭头时,单击左键选定整个表格,即可对表格进行移动、删除以及复制等操作。

8. 调整表格的行高、列宽及表格的大小

1) 手动微调表格的行高、列宽及表格的大小

(1) 调整行:将鼠标指针移至表格中待调整行的水平边线上,当鼠标指针变为双向箭头时(图 3-47(a)),按住左键拖动水平线,以调整行高。

(2) 调整列:将鼠标指针移至表格中待调整列的垂直边线上,当鼠标指针变为双向

箭头时(图 3-47(b)),按住左键拖动垂直线,以调整列宽。

　　(3)调整表格:当鼠标指针指向表格右下角的小方框时,按住左键拖动双向箭头调整表格大小(图 3-47(a))。

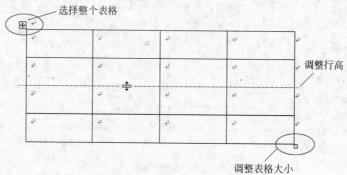

(a) 表格的行高和表格大小调整示意图

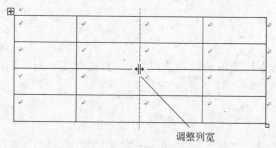

(b) 表格的列宽调整示意图

图 3-47　表格的调整

2) 利用菜单命令准确调整

　　将光标移至表格中待调整的位置,选择菜单中的"表格"|"表格属性"|"表格"、"行"或"列"命令,进行调整,如图 3-48 所示。

图 3-48　"表格属性"对话框

3.6 案例4——文档目录的建立

编辑书稿、论文或杂志的时候，要编制目录，用 Word 2003 中提供的"自动生成目录"功能非常方便，本节案例的任务是创建一个图 3-49 所示的目录。

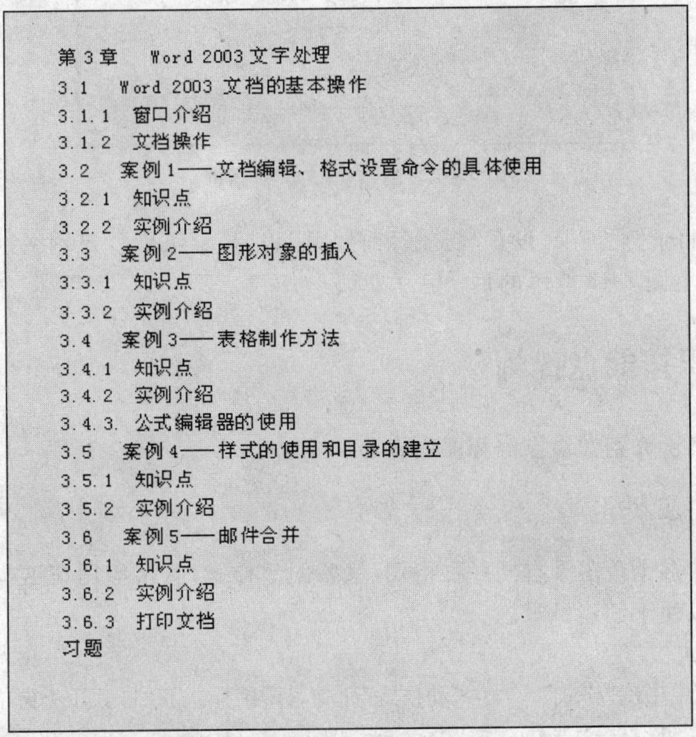

```
第 3 章   Word 2003 文字处理
3.1    Word 2003 文档的基本操作
3.1.1   窗口介绍
3.1.2   文档操作
3.2    案例 1——文档编辑、格式设置命令的具体使用
3.2.1   知识点
3.2.2   实例介绍
3.3    案例 2——图形对象的插入
3.3.1   知识点
3.3.2   实例介绍
3.4    案例 3——表格制作方法
3.4.1   知识点
3.4.2   实例介绍
3.4.3   公式编辑器的使用
3.5    案例 4——样式的使用和目录的建立
3.5.1   知识点
3.5.2   实例介绍
3.6    案例 5——邮件合并
3.6.1   知识点
3.6.2   实例介绍
3.6.3   打印文档
习题
```

图 3-49　案例示意图

3.6.1 案例操作

1. 设置标题样式

(1) 选择"格式"｜"样式和格式"命令，打开"样式和格式"任务窗格，分别将章、节及小节的标题设为"标题 1"、"标题 2"和"标题 3"的样式。

(2) 单击"样式和格式"任务窗格中的"新样式"按钮，分别为上述建立的"标题 1"、"标题 2"和"标题 3"样式设置格式。

2. 目录的建立

(1) 选择菜单中的"插入"｜"引用"｜"索引和目录"命令，打开"索引和目录"对话框，如图 3-50 所示。

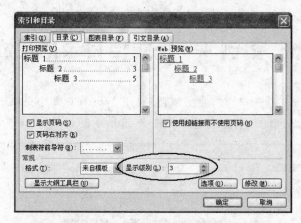

图 3-50　"索引和目录"对话框

（2）选择"目录"选项卡，设置"制表符前导符"和"显示级别"，显示级别为 3 级，单击"确定"按钮，建立图 3-49 所示的目录。

3.6.2　知识技能点提炼

下面结合案例介绍知识点的相关内容。

1. 样式的应用

样式可以使多个段落具有同一种格式，只要创建样式，直接应用在这些段落上即可。使用样式还可以便于创建目录。

1）新建样式

（1）选择菜单中的"格式"｜"样式和格式"命令，打开"样式和格式"任务窗格（图 3-51(a)），单击"新样式"按钮，打开"新建样式"对话框，如图 3-51(b)所示。

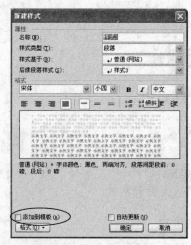

(a)"样式和格式"任务窗格　　　　　　(b)"新建样式"对话框

图 3-51　新建样式

　　　　　　计算机应用基础案例教程

- 在"名称"文本框内输入新建样式的名称。
- 在"样式类型"下拉列表框中选择样式应用于段落或字符。
- 在"样式基于"下拉列表框中选择一种已有样式做基本样式来建立新样式。
- 在"后续段落样式"下拉列表中指定后面输入的段落或文字的样式。

（2）设置新样式的格式，选中"添加到模板"复选框。

2）选择使用已有样式

选中要应用样式的内容，选择工具栏（图 3-52）中的样式进行设置；或选择菜单中的"格式"｜"样式和格式"命令，打开"样式和格式"任务窗格进行设置。

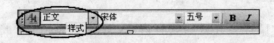

图 3-52　"样式"工具栏

2. 目录的创建

（1）选中文本中要建立目录的标题，分别将其设置相应的标题样式，如设为"标题 1"、"标题 2"、"标题 3"……

（2）选择菜单中的"插入"｜"引用"｜"索引和目录"命令，打开"索引和目录"对话框。选择"目录"选项卡，设置"制表符前导符"和"显示级别"，建立目录。

3.7　知识扩展——邮件合并

本节通过案例介绍 Word 文档中邮件合并的用法。邮件合并是将两个相关联的文件的内容合并在一起，生成一批格式相同、内容不同的表单。

本节案例的任务是应用邮件合并的方法生成图 3-53 所示的成绩通知单。

《姓名》同学你的成绩：

序号	姓名	数学	英语	计算机	总分
《序号》	《姓名》	《数学》	《英语》	《计算机》	《总分》

图 3-53　成绩通知单示意图

3.7.1　案例操作

1. 创建数据源文件

在 Word 文档中插入一个 5 行 6 列的表格，建立数据源文件，如表 3-1 所示。

表 3-1　案例数据源文件

序号	姓名	数学	英语	计算机	总分
1	李丽	98	87	69	254
2	王平	79	65	82	226
3	周涛	73	90	85	248
4	刘刚	90	69	97	256

2. 创建主文档文件

主文档文件包含邮件合并后的共有内容,文档内容为一个成绩通知单,如图 3-53 所示。

(1)选择菜单中的"工具"|"信函与邮件"|"显示邮件合并工具栏"命令,打开"邮件合并"工具栏,如图 3-54 所示。

图 3-54　"邮件合并"工具栏

(2)单击工具栏中的"打开数据源"按钮,本例中选择表 3-1 所示的 Word 表格文件。

(3)单击工具栏中的"插入域"按钮,在打开的"插入合并域"对话框(图 3-55)中插入"序号"、"姓名"、"数学"、"英语"、"计算机"、"总分"作为域值,建立主文档。

(4)单击工具栏中的"合并到新文档"按钮,在打开的"合并到新文档"对话框(图 3-56)中选择"全部"单选按钮,再单击"确定"按钮,从而将数据源中的数据和主文档的共有文本生成一个合并文档。

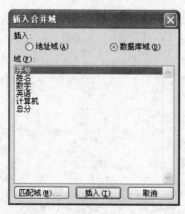

图 3-55　"插入合并域"对话框

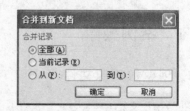

图 3-56　"合并到新文档"对话框

3. 打印文档

(1) 选择菜单中的"文件"｜"页面设置"命令，打开"页面设置"对话框，如图 3-57 所示，设置文档的页面方向为横向。

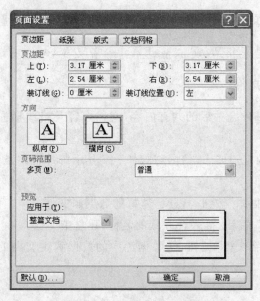

图 3-57 "页面设置"对话框

(2) 选择菜单中的"文件"｜"打印"命令，打开"打印"对话框，如图 3-58 所示，设置打印份数，单击"确定"按钮。

图 3-58 "打印"对话框

3.7.2　知识技能点提炼

下面结合案例介绍知识点的相关内容。

1．创建数据源文件

数据源文件可以是一个 Word 表格、Excel 表格或 Access 数据库文件。

2．创建主文档文件

主文档文件包含邮件合并后的共有内容，文档内容及格式根据需要设定。创建主文档的步骤如下。

（1）选择菜单中的"工具"｜"信函与邮件"｜"显示邮件合并工具栏"命令，打开"邮件合并"工具栏。

（2）单击"打开数据源"按钮，打开已建好的数据源文件。

（3）单击"插入域"按钮，插入合并域的名称，建立主文档。

（4）单击"合并到新文档"按钮，将数据源中的数据和主文档的共有文本生成一个合并文档。

3．打印文档

1）页面设置

选择菜单中的"文件"｜"页面设置"命令，打开"页面设置"对话框，可以设置文档的页边距、页面的纵向或横向、打印纸的大小、版式、文字排列方向以及每页的行数和每行的字数。

2）打印文档

选择菜单中的"文件"｜"打印"命令，打开"打印"对话框，可以设置打印页码范围、份数、缩放比例及页面大小，也可以打印文档中选中的内容。单击对话框中的"属性"按钮，也可设置页面大小及打印方向，如图 3-59 所示。

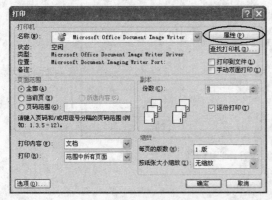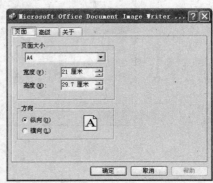

图 3-59　单击"属性"按钮进行设置

本 章 小 结

　　本章以案例的形式介绍了 Word 2003 文字处理软件的基本操作、文档的格式设置、对象的插入、表格的制作和目录的建立以及邮件合并、打印等内容，本章重在实际技能操作，通过这些案例的学习，使用户能够熟练地使用 Word 2003 文字处理软件的主要操作命令编辑文本。

第 4 章 Excel 2003 电子表格

本章学习目标

电子表格处理软件专门用于数据计算、统计分析和报表处理,与传统的手工计算相比有很大的优势,它能使人们解脱乏味、烦琐的重复计算,专注于对计算结果的分析评价,提高工作效率。

Word 2003 文字处理软件可以在文档中添加并编辑表格,对其中的数据进行简单的计算,但对复杂的表格就无能为力了。Excel 2003 是 Microsoft Office 2003 办公套件中的一个重要组件,是一个通用的电子表格处理软件。Excel 2003 不仅能制作各种复杂的电子表格,还可以组织、计算和分析各种类型的数据,是功能最强大的电子表格处理软件之一。

本章以案例为导引,介绍 Excel 2003 电子表格处理软件的基本使用方法。通过对本章的学习,读者应基本做到以下几点:

* 掌握 Excel 的基本操作;
* 熟练掌握 Excel 对电子表格的创建以及格式的设置;
* 熟练掌握函数和公式的用法;
* 掌握图表的制作以及简单的格式设置;
* 了解数据清单的建立,基本掌握对数据清单的管理;
* 掌握排序、筛选和分类汇总的方法;
* 了解数据有效性的设置。

4.1 Excel 2003 概述

4.1.1 窗口介绍

图 4-1 所示是启动 Microsoft Excel 2003 后进入的工作窗口。从图中可以看出,Excel 工作窗口由标题栏、菜单栏、工具栏、编辑栏、工作区、工作表标签、状态栏和任务窗格等组成。

1. 标题栏

标题栏位于窗口顶部第一行。标题栏中显示的是应用软件的名字(例如 Microsoft

Excel)和当前使用的工作簿的名字。启动 Excel 后,打开的第一个空白工作簿的默认名称为 Book1,扩展名系统默认为.xls。

图 4-1   Excel 2003 工作窗口

2．菜单栏

菜单栏位于标题栏下方,分为 9 个菜单项,包括对工作表操作的各种命令。

3．工具栏

菜单栏里的常用命令以图形按钮的形式放在工具栏中,使用这些按钮,能方便快捷地完成常用操作。

4．编辑栏

编辑栏在工具栏的下方,用来显示当前单元格的名称和内容。编辑栏的左边是名称框,显示当前单元格的名称。编辑栏的右边是编辑区,也叫公式栏,显示的是当前单元格的内容。可以在公式栏中输入或编辑所选单元格的数据和公式。

5．行号和列标

单元格的名称(也称为地址)由列标和行号组成,例如,A3 表示位于第 3 行第 1 列的单元格。列标是 A,…,Z,AA,AB,…,AZ,BA,BB,…,BZ,…,共 256 列,行号是 1,2,3,…,65 536,共 65 536 行。

6．工作表标签

Excel 工作簿包含若干个工作表,一个新创建的工作簿默认含有 3 个工作表,每个工作表都有自己的名称,也叫工作表标签,显示在工作簿窗口底部的标签显示区中,系统默认每个工作表的名称是 Sheet1、Sheet2、Sheet3。

7. 状态栏

状态栏位于 Excel 窗口的最下方,显示当前操作的各种信息。

8. 任务窗格

最常用的操作都集中放置在任务窗格中,单击"开始工作"按钮,可以打开任务窗格的下拉菜单,选择相应的操作命令。

4.1.2 Excel 的概念

1. 工作簿

工作簿是利用 Excel 生成的表格文件,以文件的形式存放在磁盘上,文件的扩展名是.xls。每次启动 Excel 后,打开的第一个空白工作簿的默认文件名为 Book1。

工作簿是由工作表构成的。一个工作簿中所包含的工作表都以标签的形式排列在工作表标签中,当需要进行工作表切换时,只要用鼠标在工作表标签中单击标签,对应的工作表就被激活而成为当前工作表,原来的工作表即被隐藏。

2. 工作表

工作簿中的每一张表称为一个工作表,工作表是由单元格构成的。一个工作簿最多可以包含 255 张工作表,每个工作表都有自己的名称,并显示在工作表标签中。一个新创建的工作簿默认含有 3 张空工作表,系统默认每个工作表的名称是 Sheet1、Sheet2、Sheet3。每张工作表最多由 65 536 行、256 列构成。

3. 单元格

单元格是 Excel 工作簿的最小组成单位,工作区中的每一个长方形小格就是一个单元格。在单元格内可以输入数字、字符、公式、日期等。

在 Excel 中,单元格是通过位置(又称为单元格地址)来进行标识的,例如 C 列和第 5 行相交处的单元格地址是 C5。在引用单元格时,必须使用单元格的引用地址。

4.2 案例 1——建立学生电子档案

电子档案查阅快捷,管理方便,具有综合信息的功能,是纸质档案所不能替代的。本节以案例 1 为导引,介绍图 4-2 所示 Excel 电子表格的创建、数据的输入以及格式的设置。

	A	B	C	D	E	F	G
1			*学生电子档案*				
2							
3	学 号	姓 名	性别	籍贯	出生日期	专 业	入学时间
4	0805160001	刘小妹	女	河北	1988/2/20	08级艺术设计	2008/9/1
5	0805160002	李威	男	包头	1988/3/9	08级艺术设计	2008/9/2
6	0805160003	张敏	女	湖南	1989/12/6	08级艺术设计	2008/8/30
7	0805160004	王伟鹏	男	江西	1990/6/14	08级艺术设计	2008/9/1
8	0805160005	成刚	男	包头	1989/4/18	08级艺术设计	2008/9/1
9	0805160006	何玲伶	女	呼和浩特	1989/11/1	08级艺术设计	2008/9/1

图 4-2 学生电子档案表效果图

4.2.1 案例操作

1. 个人信息的输入

1) 创建一个空的工作簿"学生电子档案.xls"

启动 Excel 2003,建立一个名为 Book1 的空白工作簿,选择"文件"菜单中的"保存"命令,打开"另存为"对话框,在"保存位置"下拉列表框中选择合适的存放位置,在"文件名"文本框中输入"学生电子档案",单击"保存"按钮,这样就建立了空的"学生电子档案.xls"工作簿。

2) 输入数据

选中 Sheet1,在 Sheet1 工作表中输入学生个人信息。

(1) 输入文本字符。在 A1 单元格中输入标题"学生电子档案",在 A3 到 G3 单元格中分别输入"学号"、"姓名"、"性别"、"籍贯"、"出生日期"、"专业"、"入学时间"。

如果要输入的数据是文本字符,可以直接选中单元格输入。

(2) 输入数字字符。在 A4 单元格中先输入英文单引号,然后输入学号 0805160001,按 Enter 键。

如果要输入的数据是数字字符,应先输入英文单引号。如果学号是有规律的,可以使用自动填充功能快速生成"学号",详细内容请参考"知识技能点提炼"。

(3) 输入日期和时间。在 E4 单元格中输入"1988/2/20",依次输入各位同学的出生日期。

日期输入可用"/"或"-"分隔符,例如:2010/09/28,时间输入使用":"分隔,例如:9:53:18。

(4) 输入专业。选中 F4 单元格,输入专业名称,将鼠标指针移到该单元格右下角,此时出现黑色十字图标(称为填充柄),向下拖动鼠标,即可完成自动填充"专业"。

由于专业相同,使用自动填充功能。

其他数据可直接输入。数据录入完成后,观察表格中不同类型数据的对齐方式。

2. 格式化"学生电子档案"表

1) 标题的格式化

步骤:选中 A1:G1 单元格区域,单击"格式"工具栏中的"合并及居中" 按钮,此时标题居中;将字体设为"华文行楷",字号 16。

标题要相对于表格的宽度居中,先合并单元格然后居中。

2) 日期格式的设置

步骤:选定 E4:E26 单元格区域,选择"格式"|"单元格"命令,打开"单元格格式"对话框,选择"数字"选项卡,单击"分类"列表框中的"日期"项,选择"类型"列表框中需要的日期形式,如图 4-3 所示。

3) 对齐方式

步骤:选择要对齐的单元格区域 A3:G3,选择"格式"|"单元格"命令,切换到"对齐"选项卡,在"水平对齐"下拉列表框中选择"居中",单击"确定"按钮。

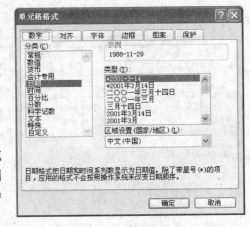

图 4-3 日期格式的设置

4) 边框和底纹的设置

(1) 选中单元格区域 A3:G26,选择"格式"|"单元格"命令,打开"单元格格式"对话框。在"边框"选项卡中选择"线条样式"中的粗实线,单击"预置"项中的"外边框"按钮;在"线条样式"中选择细实线,单击"预置"项中的"内部"按钮,如图 4-4(a)所示,单击"确定"按钮,完成边框的设置。

(a) "边框"选项卡

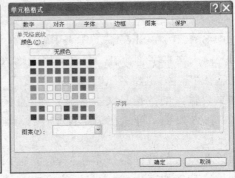

(b) "图案"选项卡

图 4-4 "单元格格式"对话框

(2) 选定 A3:G3 单元格区域,在"单元格格式"对话框中,选择"图案"选项卡,选择"单元格底纹"的"颜色"为"淡蓝"色,如图 4-4(b)所示。单击"确定"按钮,完成底纹的设置。

至此,本案例完成,效果图如图 4-2 所示。

4.2.2　知识技能点提炼

1. 新建工作簿

1) 创建空的工作簿

每次启动 Excel 时,系统自动创建一个默认名为 Book1 的新工作簿,其中包含 3 张空白工作表,这个新工作簿即为空白工作簿。

创建一个新的空白工作簿有以下 4 种方法。

方法一:利用任务窗格中的下拉菜单,选择"新建工作簿"命令。

方法二:选择"文件"|"新建"命令。

方法三:单击"常用"工具栏中的"新建"按钮。

方法四:使用快捷键 Ctrl+N。

2)使用模板建立工作簿

模板是预先创建好的带有格式和内容的工作簿,利用其可快速建立与之类似的工作簿。使用方法可采用"文件"菜单或"任务窗格",如图 4-5 所示。

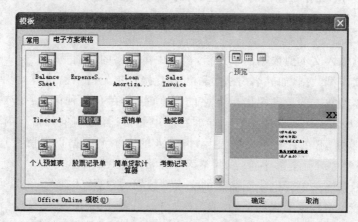

图 4-5 "模板"对话框

3)利用"根据现有工作簿"选项建立工作簿

在任务窗格中的下拉菜单中选择"新建工作簿"命令,打开"新建工作簿"任务窗格,单击"根据现有工作簿"按钮,打开"根据现有工作簿新建"对话框,选择需要的文件即可。

2. 保存工作簿

工作簿建立后,需要将其保存在磁盘上,常用的保存方法有 3 种。

方法一:选择"文件"|"保存"命令。

方法二:单击"常用"工具栏中的"保存"按钮。

方法三:选择"文件"|"另存为"命令。

3. 打开与关闭工作簿

要对已存在的工作簿进行编辑,必须先将其打开。有 4 种方法可以打开指定的工作簿。

方法一:选择"文件"|"打开"命令。

方法二:单击工具栏中的"打开"按钮。

方法三:利用 Excel 最近使用过的文档清单打开工作簿。

方法四：在资源管理器中双击要打开的工作簿文件名。

关闭当前工作簿文件的方法有以下 4 种。

方法一：选择"文件"|"关闭"命令。

方法二：单击工作簿窗口中的"关闭"按钮。

方法三：双击工作簿窗口左上角的"控制菜单"按钮。

方法四：使用快捷键 Ctrl＋F4。

4．工作表中数据的输入

Excel 允许向单元格中输入各种类型的数据：文本、数值、日期、时间、公式和函数等。在当前工作表中输入数据时，要先选中单元格，然后输入数据。

1）输入文本

（1）选中欲输入文本型数据的单元格，被选中单元格的四周呈现黑框。

（2）对于文本型数据，如姓名、性别等，可以直接在单元格中输入。

（3）当文本型数据的长度超出单元格的宽度时，会存在两种情况：若右侧单元格内容为空，则文本型数据超宽部分一直延伸到右侧单元格；若右侧单元格有内容，则文本型数据超宽部分隐藏，不在右侧单元格显示，但输入的文本型数据仍保留在选中的单元格内，可以在编辑栏中看到全部字符，或调整该单元格的宽度。

（4）若想取消当前单元格中刚输入的文本型数据，恢复输入前的状态，可以用两种方法：按 Esc 键或单击数据编辑栏中的"取消"按钮。

（5）对于数字形式的文本型数据，如编号、学号、电话号码、邮编等，应在数字前加英文单引号。

2）输入数值

在单元格中数值可以直接输入。

对于分数的输入，应先输入数字 0 和空格，否则，系统将自动处理为日期。例如，要输入 1/2，应输入"0 1/2"。如果要输入分数 $1\frac{1}{3}$，为了与日期相区别，应先输入 1 和空格，再输入 1/3，例如："1 1/3"。

当输入的数字超过单元格的列宽时，Excel 将自动以科学计数法表示。如，输入 123456123456，单元格内则显示 1.23456E＋11。如果单元格数字格式设置为两位小数，当输入 3 位小数时，末位会自动进行四舍五入。

输入数值时，有时会在单元格内出现符号＃＃＃。这是因为单元格列宽不够，调整列宽会显示出全部数据。

3）输入日期和时间

Excel 中的日期和时间可视为数字进行处理。日期的年、月、日之间用"/"或"-"分隔。时间的时、分、秒之间用冒号分隔，如 7∶20∶35，其中 AM/PM 与时间之间要加空格，如 9∶30 AM，否则将被当作字符处理。如果要输入当前的日期和时间，应分别按组合键 Ctrl＋;和 Ctrl＋Shift＋;。

系统默认字符类型数据靠左对齐，数值和时间、日期数据靠右对齐。

4）自动填充数据

对于相邻单元格中要输入相同的或按某种规律变化的数据时,如本例中的"学号"和"专业",可以用 Excel 的自动填充功能实现快速输入。

（1）对于有规律的数字序列,如 1,3,5…只要输入前两项 1 和 3,然后选中这两个单元格,拖动填充柄向下(列)或向右(行)就可按该序列的顺序将后续数据逐一添加进来,如图 4-6 所示。

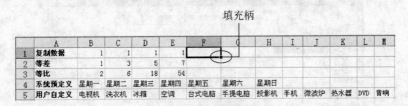

图 4-6　自动填充数据

（2）如果是数字字符(如"0805150018"),或是文本中带有数字数据(如 A3)以及日期、时间,只要输入第一项,拖动填充柄就可按数值递增顺序复制出以后各项。

（3）用户还可以将常用的有序数据自定义为数据序列,不但能减少错误还能提高工作效率。具体操作为:选择"工具"|"选项"命令,切换到"自定义序列"选项卡,在"输入序列"列表框中分别输入序列中的各个数据,数据之间按 Enter 键分隔,然后依次单击"添加"和"确定"按钮,如图 4-7 所示。

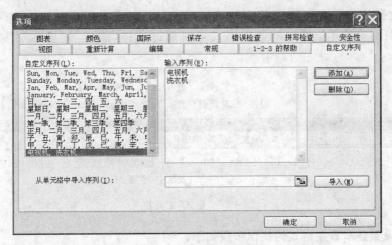

图 4-7　自定义数据序列

5．设置单元格格式

1）数据格式化

若单元格从未输入过数据,则该单元格为常规格式,输入数据时,Excel 会自动判断数据并格式化。用户也可以在输入数据之前定义单元格的数据格式及小数点后面的位数,定义的方法如下。

（1）选定要定义格式的单元格或单元格区域。

（2）选择"格式"|"单元格"命令，弹出"单元格格式"对话框。

（3）选择对话框中的"数字"选项卡，在"分类"列表框中选择数据的格式，如图 4-8 所示。

（4）单击"确定"按钮。

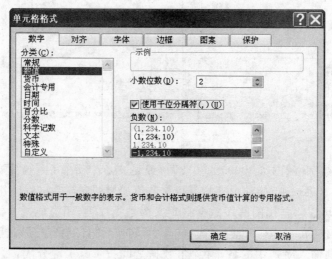

图 4-8 数据格式化

如果数据格式比较简单，可以直接通过单击"格式"工具栏中对应的数据格式按钮来实现，如图 4-9 所示。要取消数据格式可以通过选择"编辑"|"清除"|"格式"命令完成。

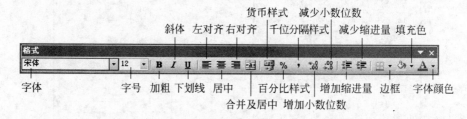

图 4-9 "格式"工具栏

例如，设置显示日期格式的操作步骤如下。

先选中要设置格式的单元格。

（1）选择"格式"|"单元格"命令，在弹出的对话框中选择"数字"选项卡。

（2）在"分类"列表框中单击"日期"（时间）项。

（3）在右侧"类型"列表框中选择一种日期（时间）的格式，如图 4-10、图 4-11 所示。

（4）单击"确定"按钮。

2）字符格式化

为突出某些数据，可以对有关单元格进行字符格式化。字符格式化有两种方法：使

计算机应用基础案例教程

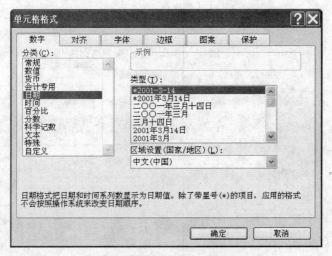

图 4-10　单元格格式的"日期"设置

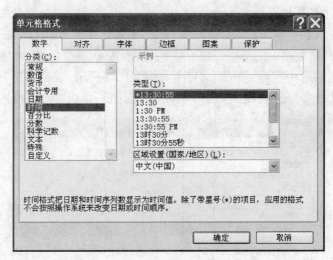

图 4-11　单元格格式的"数字时间"设置

用工具栏按钮或使用菜单命令,具体操作如下。

(1) 选定要格式化的单元格。

(2) 选择"格式"|"单元格"命令,在弹出的对话框中选择"字体"选项卡,如图 4-12 所示。

(3) 在"字体"、"字形"、"字号"列表框中选择相应的选项。另外,还可以改变字符颜色、设置是否要加下划线等。

(4) 单击"确定"按钮。

3) 标题居中

表格的标题通常在一个单元格中输入,标题相对于表格的宽度居中。有两种方法使表格标题居中。

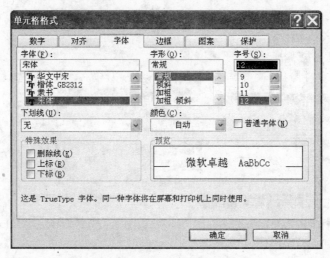

图 4-12　单元格格式的"字体"设置

方法一：使用工具栏中的常用命令按钮。按表格宽度选定标题所在行所有的单元格，单击"格式"工具栏中的"合并及居中"按钮，实现合并及居中。

方法二：使用菜单栏中的命令。按表格宽度选定标题所在行，选择"格式"|"单元格"命令，在弹出的对话框中选择"对齐"选项卡，如图 4-13 所示。在"水平对齐"和"垂直对齐"下拉列表框中选择"居中"，选中"合并单元格"复选框，单击"确定"按钮。

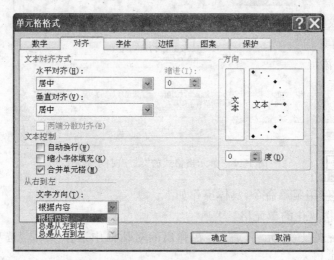

图 4-13　单元格格式的"对齐"方式设置

4）数据对齐

输入单元格中的数据通常具有不同的数据类型，在 Excel 中不同类型的数据在单元格中以不同的默认方式对齐。如果只需简单地把数据设置成左对齐、居中、右对齐，可以直接单击工具栏中的相应按钮；如果数据的水平对齐方式和垂直对齐方式都要进行设置，则要通过选择"格式"|"单元格"命令或右击选择快捷菜单中的"设

置单元格格式"命令,打开"单元格格式"对话框,在"对齐"选项卡中进行相应设置,如图 4-13 所示。

5)改变行高与列宽

设置每列的宽度和每行的高度是改善工作表外观经常用到的手段。改变行高(列宽)的方法有鼠标拖动和菜单命令两种。

当列宽和行高的调整精度不严格时,利用鼠标来调整是最快捷的方法。这种方法只需将鼠标指针移到目标行(列)行(列)号的边线上,当指针呈上下(左右)双向箭头时,上下(左右)拖动,即可改变行高(列宽)。

当要精确调整列宽和行高时,可以通过选择"格式"|"列"和"格式"|"行"菜单中的相应命令,具体操作如下。

(1)选定目标行(列)。

(2)如图 4-14 所示,选择"格式"|"行"|"行高"或"格式"|"列"|"列宽"命令,弹出"行高"对话框("列宽"对话框)。

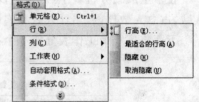

图 4-14 调整行高

(3)输入行高(列宽)值,单击"确定"按钮。

6)添加边框

选择欲添加边框的单元格区域,选择"格式"|"单元格"命令,在弹出的对话框中选择"边框"选项卡,根据需要分别对内部及外部边框进行设置,如图 4-15 所示。

注意:先选择"线条样式",再选择"线条颜色",最后才选择内、外部边框。

7)添加底纹和图案

添加底纹图案可以美化表格,其方法如下。

(1)选择要添加图案和颜色的单元格区域。

(2)在"单元格格式"对话框中选择"图案"选项卡,如图 4-16 所示。

图 4-15 单元格格式的"边框"设置

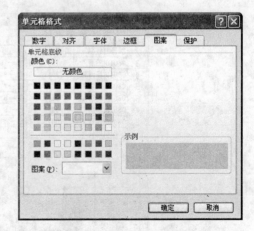

图 4-16 单元格格式的"图案"设置

(3)在"图案"下拉列表框中选择图案,同时在"示例"中显示相应的效果。

(4)单击"确定"按钮。

4.3 案例 2——学生成绩分析表

学校对学生成绩的统计和分析是教学管理中一项重要的工作。通过成绩分析表对教学质量和学习质量有一个总体的分析，可及时调整教学内容、改进教学方法、改善教学条件、提高教学质量。

"学生成绩分析表.xls"工作簿中包含了 3 个工作表：新闻 1 班成绩分析表、新闻 2 班成绩分析表和成绩分析总表。

在学生成绩分析表中，采用了以下几种方法：最高分、最低分、平均分、排名、分频段人数、占总人数比例、累计人数和累计百分比，对成绩进行了分析和计算。

下面将这 3 个工作表分成 3 个小案例逐一介绍，其效果如图 4-17～图 4-19 所示。

	A	B	C	D	E	F	G	H	I
1	高等数学成绩					成绩分析表			
2	学号	姓名	成绩	名次			分频段人数	占总人数比例	备注
3	0801020001	欧小红	96	1		85—100分			
4	0801020003	李梦祎	73.5	9		78—84分			
5	0801020005	李伟	70	13		68—77分			
6	0801020007	王慧	53	20		60—67分			
7	0801020009	赵弘薇	85	5		0—59分			
8	0801020011	宋娟	63	16		总人数	22		
9	0801020013	尚河	90	3					
10	0801020015	崔欣新	73	10		最高分	96		
11	0801020017	王悦	72	12		最低分	42		
12	0801020019	金宇	74.5	8		平均分	71.3		
13	0801020021	赵文娟	56	19					

图 4-17 新闻 1 班成绩分析表

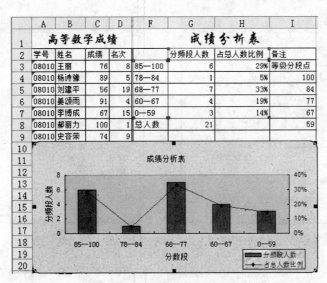

图 4-18 新闻 2 班成绩分析表

	F	G	H	I	J	K
1			成绩分析总表			
2	分频段人数			累计人数	累计百分比	备注
3	85—100分	11				等级分段点
4	78—84分	2	85分以下人数:	32	74%	100
5	68—77分	16	78分以下人数:	30	70%	84
6	60—67分	7	68分以下人数:	14	33%	77
7	0—59分	7	60分以下人数:	7	16%	67
8	总人数	43				59
9						
10	最高分	100				
11	最低分	41				
12	平均分	73.4				

图 4-19　成绩分析总表

4.3.1　案例操作

1. 案例(1)——创建"新闻 1 班成绩分析表"

操作步骤如下。

(1) 启动 Excel 2003,创建一个空白工作簿,选择"文件"|"保存"命令,打开"另存为"对话框,如图 4-20 所示。在对话框中选择适当的"保存位置",在"文件名"下拉列表框中输入文件名"学生成绩分析表",单击"保存"按钮。这样建立了一个空的"学生成绩分析表.xls"工作簿。

图 4-20　"另存为"对话框

(2) 打开"学生成绩分析表.xls"工作簿,右击 Sheet1 工作表,打开快捷菜单,选择"重命名"命令,将工作表标签 Sheet1 改名为"新闻 1 班成绩分析表",然后单击工作表中任意单元格,结束工作表的重命名。用相同的方法分别将 Sheet2、Sheet3 改名为"新闻 2 班成绩分析表"和"成绩分析总表"。

1) 输入数据

操作步骤如下。

(1) 选中"新闻 1 班成绩分析表"工作表标签,在 A1 单元格中输入"高等数学成绩",在 A2:D2 单元格中分别输入"学号"、"姓名"、"成绩"和"名次"。在 F1 单元格中输入"成绩分析表",在 G2:I2 单元格中依次输入"分频段人数"、"占总人数比例"和"备注",在 F8 单元格中输入"总人数",在 F10:F12 单元格中,分别输入"最高分"、"最低分"和"平均分",如图 4-21 所示。

	A	B	C	D	E	F	G	H	I
1	高等数学成绩					成绩分析表			
2	学号	姓名	成绩	名次			分频段人数	占总人数比例	备注
3									
4									
5									
6									
7									
8						总人数			
9									
10						最高分			
11						最低分			
12						平均分			
13									

图 4-21 "新闻 1 班成绩分析表"

文本型数据可以直接输入。

(2) 在 A3 单元格中先输入英文单引号再输入学号 0801020001,利用填充柄拖动到 A24 单元格,完成学号的输入。

对于数字字符数据,先输入英文单引号,再输入字符。

(3) 在 B3 单元格中输入第一个人的姓名"欧小红",依次在 B4:B24 单元格中完成其他姓名的输入。

(4) 在 C3 单元格中输入第一个人的成绩,依次完成每个人成绩的录入。

数值数据可以直接输入。

2) 利用函数和公式计算

(1) 选择存放平均分结果的单元格 G12,选择"插入"|"函数"命令,打开"插入函数"对话框,在"选择函数"下拉列表框中选择 AVERAGE 函数,打开"函数参数"对话框,如图 4-22 所示。在 Number1 文本框中输入 C3:C24(或用鼠标选中单元格区域 C3:C24),单击"确定"按钮,完成平均分的计算。

或在 G12 单元格中直接输入"= AVERAGE(C3:C24)",单击 √ 按钮或按 Enter 键结束。

也可以在 G12 单元格中直接输入公式"=(C3:C24)/22"。

AVERAGE 函数的返回参数包含数据集的算术平均值,格式为:

```
AVERAGE(number1,number2,…)
```

其中 number1,number2,…是要计算平均值的 1~30 个参数。

(2) 选择存放最高分结果的单元格 G10,单击编辑栏左面的"插入函数"按钮 ƒ,打开"插入函数"对话框,选择 MAX 函数,打开"函数参数"对话框,在 Number1 文本框中输入 C3:C24(或用鼠标选中单元格区域 C3:C24),单击"确定"按钮,完成最高分的统计。

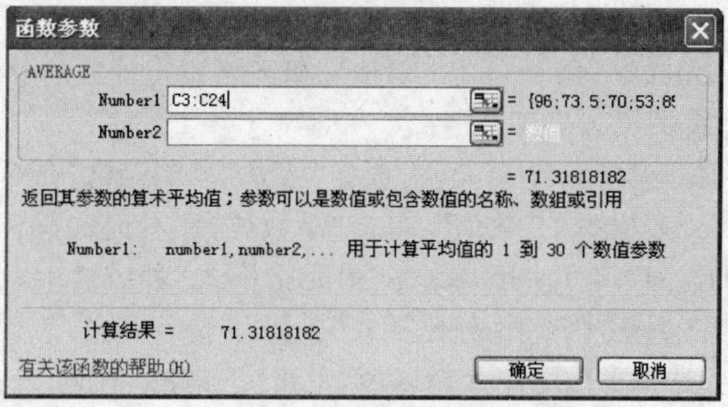

图 4-22　"函数参数"对话框

最低分与最高分的计算方法相同,在此省略。

Max/Min 函数的返回参数包含数据集中的最大值/最小值,格式为:

`Max/Min(number1,numbe2…)`

其中,number1,numbe2…是从中求取最大值(最小值)的 1～30 个数值、空单元格、逻辑值或文本数值。

(3) 对成绩排名次。选择 D3 单元格,打开"插入函数"对话框,选择 RANK 函数,在 Number 文本框中输入 C3(或用鼠标选中 C3 单元格),在 ref 文本框中输入 \$C\$3:\$C\$24,在 Order 文本框中输入 0 或省略,单击"确定"按钮,之后,拖动 D3 单元格的填充柄到 D24 单元格,则将 D3 单元格的公式复制到 D4:D24 单元格区域的每一个单元格中,如图 4-23 所示,完成排名统计。

RANK 函数返回一个数字在数据列表中的排位,格式为:

图 4-23　使用 RANK 函数排名次

`RANK(number,ref,order)`

RANK 函数有 3 个参数:number、ref、order。number 是待排位的数据,ref 是所有参与排位的数据区域,order 为排位的方式,0 或省略时按降序排列,非 0 值时按升序排列。

行号和列标前加 \$ 符号是单元格绝对引用,如 \$C\$3:\$C\$24,C3:C24 是相对引用,\$C3:C\$24 是混合引用,详细内容请参考后续知识点提炼。

注意:如果在要排位的数据序列中有相同的数据,就会影响后续数据的排位。

(4) 选中存放总人数结果的单元格 G8,单击"插入函数"按钮 f_x ,打开"插入函数"对话框,选择 COUNTA 函数,打开"函数参数"对话框,在 Value1 文本框中输入 C3:C24(或用鼠标选中 C3:C24 单元格区域),单击"确定"按钮,完成总人数的统计。

COUNTA 函数的返回参数列表包含数值个数以及非空单元格的数目,格式为:

```
COUNTA(Value1,Value2…)
```

其中,Value1,Value2…是1~30个对值和单元格进行计数的参数。

3) 格式化工作表

(1) 数字格式化。选择 G12 单元格,选择"格式"|"单元格"命令,打开"单元格格式"对话框,选择"分类"列表框中的"数值",单击"小数位数"右面的微调按钮,选择"1",单击"确定"按钮;选定 H3:H7 单元格区域,在"单元格格式"对话框中,选择"分类"列表框中的"百分比",或单击工具栏中的"百分比样式"按钮。

(2) 设置标题。选择 F1:I1 单元格区域,单击"工具栏"中的"合并及居中"按钮,字体选择"华文行楷",字号 18,完成标题的设置。

(3) 添加边框。选择 F2:I12 单元格区域,打开"单元格格式"对话框,选择"边框"选项卡,选择"线条样式"为单实线,单击"预置"项中的"内部"按钮;选择"线条样式"为双实线,单击"预置"项中的"外边框"按钮。单击"确定"按钮,完成表格边框的设置。

至此,完成了"新闻1班成绩分析表"的建立,如图 4-17 所示。

分频段人数的统计和占总人数比例的计算请参考案例(2)。

2. 案例(2)——创建"新闻2班成绩分析表"

选择"新闻2班成绩分析表"工作表,创建如图 4-18 所示的成绩分析表。

1) 输入数据

为了节省时间,将与新闻1班成绩分析表中相同的内容复制过来,然后录入每个人的学号、姓名和成绩。

在 I4:I8 单元格中依次输入 100、84、77、67 和 59,作为等级分段点。每一个分段点对应一个分数段,如 100 对应 85~100 分,84 对应 78~84 分,77 对应 68~77 分,67 对应 60~67 分,59 对应 0~59 分。

与新闻1班相同的计算,在此省略。

2) 统计各分频段人数

操作步骤:选定 G3:G7 单元格区域,单击编辑栏中的"插入函数"按钮,选择 FREQUENCY 函数,打开"函数参数"对话框,如图 4-24 所示,在 Data_array 文本框中输入 C3:C23(或选中 C3:C23 单元格区域),在 Bins_array 文本框中输入 $I$4:$I$8,按 Ctrl+Shift+Enter 组合键结束,出现图 4-25 所示的各分频段人数的统计结果。

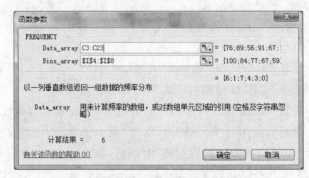

图 4-24　FREQUENCY"函数参数"对话框

计算机应用基础案例教程

	A	B	C	D		F	G	H	I
1	高等数学成绩					成绩分析表			
2	学号	姓名	成绩	名次		分频段人数		占总人数比例	备注
3	08010	王丽	76	8		85--100	6		等级分段点
4	08010	杨诗豫	89	5		78--84	1		100
5	08010	刘建平	56	19		68--77	7		84
6	08010	美颂雨	91	4		60--67	4		77
7	08010	李博成	67	15		0--59	3		67
8	08010	郝丽力	100	1		总人数	21		59
9	08010	史容荣	74	9					
10	08010	高飞	60	18		最高分	100		
11	08010	如峰	65.5	16		最低分	41		
12	08010	祁小星	45	20		平均分	75.5		

图 4-25 各分频段人数统计结果

使用频率分布函数 FREQUENCY 统计各分频段的人数,函数格式:

FREQUENCY(Data_array,Bins_array)

频率分布函数 FREQUENCY(Data_array,Bins_array)以垂直数组的方式返回一个频率分布。对一组给定的数值和一组给定的分界点,频率分布会统计出每个间隔中出现多少个数据。Data_array 为要计算频率的数据所在区域,如案例中的 C3:C23 单元格区域,Bins_array 为间隔点所在的区域(分段点),如 I4:I8 区域。返回数组的公式必须放在一个列区域中,如案例中选定单元格区域 G3:G7。单击编辑栏,输入公式"＝FREQUENCY(C3:C23,$I$4:$I$8)",由于以数组公式的形式输入,因此,必须按 Ctrl＋Shift＋Enter 组合键结束。

也可以使用 COUNTIF 函数统计各分频段人数,格式为:

COUNTIF(range,criteria)

它返回区域 range 中数据值符合条件 criteria 的单元格数目。条件 criteria 可以是数字、表达式、字符串,而不能使用函数。

操作步骤如下。

选择 G3 单元格,单击编辑栏中的"插入函数"按钮,选择 COUNTIF 函数,打开"函数参数"对话框,如图 4-26 所示。在 Range 文本框中输入 C3:C23(或选中 C3:C23 单元格区域),在 Criteria 文本框中输入"＞＝85",单击"确定"按钮,完成分数在 85～100 分之间的人数统计。

在 G4 单元格中,输入"＝COUNTIF(C3:C23,"＞＝78")-COUNTIF(C3:C23,"＞＝85")",统计出分数在 78～84 分之间的人数。

在 G5 单元格中,输入"＝COUNTIF(C3:C23,"＞＝68")-COUNTIF(C3:C23,"＞＝78")",统计出分数在 68～77 分之间的人数。

在 G6 单元格中,输入"＝COUNTIF(C3:C23,"＞＝60")-COUNTIF(C3:C23,"＞＝68")",统计出分数在 60～67 分之间的人数。

在 G7 单元格中,输入"＝COUNTIF(C3:C23,"＞＝0")-COUNTIF(C3:C23,"＞＝60")",统计出分数在 0～59 分之间的人数。

比较以上两种函数,COUNTIF 较之 FREQUENCY 要烦琐得多。

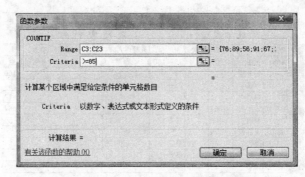

图 4-26　COUNTIF"函数参数"对话框

3）统计总人数及占总人数比例

（1）选中 G3：G8 单元格区域，单击"工具栏"中"自动求和"旁边的下拉按钮，选择"求和"命令，结果显示在 G8 单元格，也可使用函数求和。

（2）在 H3 单元格中输入公式"＝G3/＄G＄8"，拖动填充柄到 H7 单元格，完成占总人数比例的统计。

4）建立图表

选择 F2：H7 单元格区域。

操作步骤如下。

（1）选择"插入"｜"图表"命令，打开"图表向导"对话框，选择"自定义类型"选项卡，选择"图表类型"列表框中的"两轴线-柱图"，如图 4-27 所示。

（2）单击"下一步"按钮，打开"图表向导-4 步骤之 2-图表源数据"对话框，如图 4-28 所示，在"数据区域"选项卡中将"系列产生在"选为"列"。

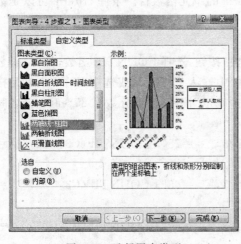

图 4-27　选择图表类型

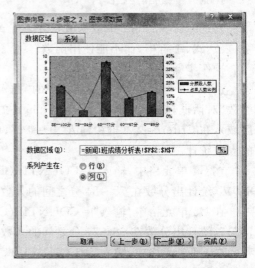

图 4-28　"数据区域"选项卡

选择"系列"选项卡，可以对"系列"进行"添加"或"删除"。

（3）单击"下一步"按钮。在打开的"图表向导-4 步骤之 3-图表选项"对话框中，按

图 4-29 所示分别填入图表标题、分类轴标题和数值轴标题。

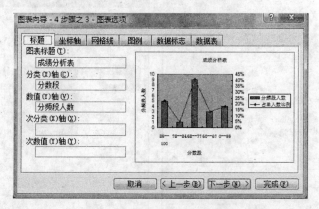

图 4-29 "图表选项"对话框

通过切换不同的选项卡可以在"图表选项"对话框中设置图表的其他选项。

（4）单击"下一步"按钮。打开"图表向导-4 步骤之 4-图表位置"对话框，选中"作为其中的对象插入"单选按钮，如图 4-30 所示。

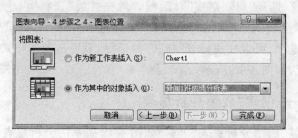

图 4-30 "图表位置"对话框

（5）单击"完成"按钮，则图表作为一个对象插入到当前工作表中，如图 4-31 所示。

5）格式化图表

（1）选定图表区，选择"格式"|"图表区"命令，打开"图表区格式"对话框，如图 4-32（a）所示。选择"图案"选项卡，选中"圆角"复选框，单击"填充效果"按钮，打开"填充效果"对话框，如图 4-32（b）所示，选择"纹理"选项卡，选择"再生纸"图案，单击"确定"按钮，完成图表区格式的设置。

（2）双击"分类轴"，打开"坐标轴格式"对话框，选择"字体"选项卡，设置"字号"为 8，完成分类轴格式的设置。

（3）选中"数值轴"，单击"图表"工具栏中的"坐标轴格式"按钮，打开"坐标轴格式"对话框，选择"字体"选项卡，设置"字号"为 8，完成数

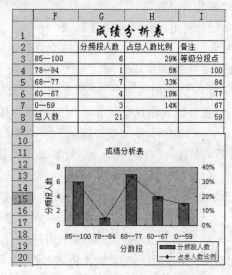

图 4-31 插入图表后的成绩分析表

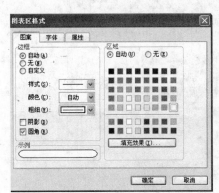

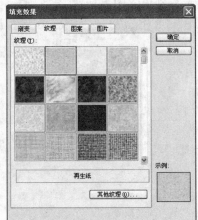

(a) "图表区格式" 对话框   (b) "填充效果" 对话框

图 4-32　设置图表区格式

值轴格式的设置。

（4）双击"图例"，打开"图例格式"对话框，"填充效果"选择"白色大理石"图案，设置"字号"为9，单击"确定"按钮。将图例拖到右下角，完成图例格式的设置。

双击图表中的选项，可以快速打开"格式"对话框，设置选项的格式。

至此，案例完成，如图 4-18 所示。

3. 案例（3）——创建"成绩分析总表"

选定工作表标签"成绩分析总表"，创建如图 4-19 所示的分析总表。

1）输入数据

将与其他工作表中相同的内容复制过来，在 I2 和 J2 单元格中分别输入"累计人数"和"累计百分比"。

2）利用函数和公式计算

（1）在 G10 和 G11 单元格中分别输入"＝MAX（新闻 1 班成绩分析表!G10，新闻 2 班成绩分析表!G10）"和"＝MIN（新闻 1 班成绩分析表!G11，新闻 2 班成绩分析表!G11）"，统计出两个班的"最高分"和"最低分"。

也可以利用鼠标选择不同工作表中的单元格计算，详细内容请参考知识点提炼。

（2）在 G12 单元格中输入"＝AVERAGE（新闻 1 班成绩分析表!G12，新闻 2 班成绩分析表!G12）"，按 Enter 键，计算出两个班的平均分。

（3）选中 G8 单元格，输入"＝新闻 1 班成绩分析表!G8＋新闻 2 班成绩分析表!G8"公式，按 Enter 键，统计出两个班的总人数。

（4）选择 G3 单元格，输入＝，选定要引用的工作表"新闻 1 班成绩分析表"，选择 G3 单元格，输入＋，切换到"新闻 2 班成绩分析表"，选择 G3 单元格，单击 √ 按钮，拖动 G3 单元格填充柄向下到 G7 单元格，完成两个班各分数段的人数统计。

还可以使用更快捷的方法，在 G3 单元格中直接输入"＝新闻 1 班成绩分析表!G3＋

新闻 2 班成绩分析表!G3"即可。

(5) 选定 I4 单元格,利用插入函数或直接输入"=SUM(G4：＄G＄7)",按 Enter 键,下面结果可拖动填充柄直到 I7 单元格,统计出"累计人数"

＄G＄7 是一个绝对引用,因为被统计的最后一个数据位置是 G7。

(6) 选择 J4 单元格,输入公式"=I4/＄G＄8",按 Enter 键,下面结果可使用填充柄拖动至 J7 单元格,计算出"累计百分比"。因为总人数不变,所以用绝对引用。

至此,本案例完成,如图 4-19 所示。

4.3.2 知识技能点提炼

1. 管理工作表

1) 选定工作表

(1) 选定多个相邻的工作表。单击第一个工作表标签,然后,按住 Shift 键并单击最后一个工作表标签。

(2) 选定多个不相邻的工作表。按住 Ctrl 键并单击每一个要选定的工作表标签。

2) 工作表重新命名

双击要重命名的工作表标签,出现插入点,然后进行修改或输入新的名字。或单击鼠标右键,打开快捷菜单,选择"重命名"命令。

3) 工作表的移动和复制

在同一工作簿中移动(或复制)工作表时,选中要移动(或复制)的工作表,拖动(Ctrl＋拖动)鼠标到合适的位置。

在不同工作簿之间移动(或复制)工作表时,选中要移动(或复制)的工作表,单击鼠标右键打开快捷菜单,选择"移动或复制工作表"命令,将其移动到其他工作簿中。如果是复制工作表,则应选中"建立副本"复选框。

还可以通过选择"编辑"|"移动或复制工作表"命令实现。

4) 插入工作表

一个工作簿默认有 3 个工作表,还可以插入新工作表,步骤如下。

(1) 选中某工作表标签(如 Sheet3)。

(2) 选择"插入"|"工作表"命令,新插入的 Sheet4 出现在 Sheet3 之前,且为当前工作表。

还可以使用另外一种方法,单击鼠标右键,打开快捷菜单,选择"插入"命令。

5) 删除工作表

(1) 选择要删除的工作表标签。

(2) 选择"编辑"|"删除工作表"命令,或右击选择快捷菜单中的"删除"命令。

2. 编辑工作表

1) 选定单元格

若要对某个或某些单元格进行编辑操作,必须先选定这些单元格。选定一个单元格,只要单击该单元格即可。要选定一行或多行或一块区域，可采用如下的方法。

(1) 选定一行(或列)：用鼠标左键在欲选定行号(或列标)上单击。

(2) 选定多行(或列)：若选定行(或列)是连续的，则鼠标单击起始行(或列)后不松开继续拖动到目标行(或列)；若选定行(或列)不是连续的，则鼠标单击起始行(或列)后，再按住 Ctrl 键单击各选定行(或列)。

(3) 选定整个工作表：按 Ctrl＋A 组合键，或单击行列交叉的单元格。

(4) 选定矩形区域：用鼠标左键拖放一个矩形区域。

(5) 选定若干不相邻的区域：按住 Ctrl 键，采用选定矩形区域的方法，分别选定各单元格区域。

2) 编辑工作表内容

双击要编辑的单元格，此时可以在单元格内直接输入、编辑和修改数据。如果要编辑的数据很长，先选中单元格，在编辑栏中修改。

3) 清除单元格数据

清除单元格数据不是删除单元格本身，而是清除单元格中的数据内容、格式、批注之一，或三者均清除。若只清除单元格中的数据内容，只需选中单元格，然后按 Delete 键。

4) 插入单元格、行和列

(1) 插入一行(列)：单击某行(列)的任一单元格。选择"插入"|"行"(或"列")命令，将在该行(列)之前插入一行(列)。

(2) 插入单元格：单击某单元格，将它作为插入位置。选择"插入"|"单元格"命令，在弹出的对话框中选择插入方式后单击"确定"按钮。

5) 删除单元格、行和列

(1) 删除一行(列)：选定要删除的行(列)，选择"编辑"|"删除"命令。

(2) 删除单元格：选中要删除的单元格，选择"编辑"|"删除"命令，弹出"删除"对话框，在对话框中选择删除方式。

6) 复制和移动单元格

复制和移动是将某个单元格或单元格区域的内容复制到指定的其他单元格或单元格区域中。

复制和移动单元格有两种方法：使用鼠标和使用剪贴板。操作与 Word 2003 相同，这里不再赘述。

3. 多个工作表中相同数据的输入

在案例 2 中，两个工作表都有相同的数据，除了复制操作外，还可以使用工作组。

当需要在多个工作表中的相同单元格内输入相同的数据或进行相同的编辑时，可以将这些工作表选定为工作组，之后在其中的一张工作表中进行输入或编辑操作后，输入的内容或所做的编辑操作就会反映到其他选定的工作表中。

单击第一张工作表"新闻 1 班成绩分析表"，按住 Ctrl 键再单击第二张工作表"新闻 2 班成绩分析表"，如图 4-33 所示，在标题栏中会显示出"工作组"字样。

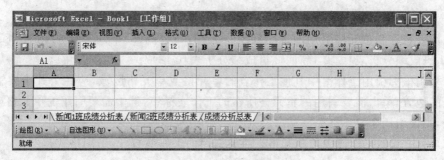

图 4-33 工作组的建立

4. 单元格的引用

单元格的引用分为相对引用、绝对引用和混合引用。

1）相对引用、绝对引用和混合引用

计算公式是通过单元格的引用地址从工作表中提取有关单元格数据的。通过单元格的引用地址，既可以在公式中取出当前工作簿中不同单元格的数据，或者在多个公式中使用同一单元格的数据，也可以取出其他工作表中单元格的数据。

相对引用是指当公式复制到新位置时，公式不变，单元格地址随着位置的不同而改变。相对引用地址由列标、行号组成，例如，E3 单元格中的公式为"＝AVERAGE(B3：D3)"，当被复制到 E4 单元格时，公式会随目的位置的变化而自动变为"＝AVERAGE(B4：D4)"。这是因为行发生了变化，由原来的位置下移了 1 行，列没有变化，因此，参加运算的单元格地址也随之改变。

绝对引用是指公式复制到新位置时，单元格地址保持不变。绝对引用地址的表示方法是在相对引用地址的列标和行号前分别加上一个"＄"符号。例如本案例中统计"成绩分析总表"中每个分数段的累计百分比时，使用的公式是"＝I4/＄G＄8"，其中 I4 单元格存放的是该分数段的累计人数，G8 单元格存放的是总人数。当公式被复制到 J7 单元格时，公式会随目的位置的变化自动变为"＝J7/＄G＄8"。由于总人数是不变的，因此，存放总人数的单元格的引用地址要用绝对引用地址，它不会因为公式复制或移动到目的位置而变化。

混合引用是指在一个单元格地址中，既有相对引用地址又有绝对引用地址。使用混合引用地址时，要很清楚地知道，如果"＄"在行号之前，表明该行位置是"绝对不变"的，而列位置仍随目的位置的变化而变化；反之，如果"＄"在列标之前，表明该列位置是"绝对不变"的，而行位置仍随目的位置的变化而变化。

2）引用其他工作表数据

公式中也可以引用其他工作表中单元格或单元格区域，甚至是其他工作簿的工作表中的单元格或单元格区域。

（1）同一工作簿中引用不同工作表中的单元格。对同一工作簿中其他工作表中的单元格或单元格区域进行引用，引用格式是：

工作表名!单元格(或单元格区域)的引用地址

工作表名称和单元格引用地址之间用! 分开,如案例(3)中的公式:"＝AVERAGE(新闻1班成绩分析表!G12,新闻2班成绩分析表!G12)"。

如果用鼠标引用工作簿中其他工作表的单元格或单元格区域,应在公式中要输入引用地址的地方,单击需要引用的单元格所在的工作表标签,选中需要引用的单元格或单元格区域,则该引用会显示在公式中。

(2) 引用其他工作簿中的单元格。将要引用的工作簿打开,引用格式是:

[工作簿名称]工作表名!单元格(或单元格区域)的引用地址

例如,要引用 Book2 中的 Sheet1 工作表中的 G3 单元格,应输入公式"＝[Book2]Sheet1!G3"。如果用鼠标引用其他工作簿中的单元格或单元格区域,可在公式中要输入引用地址的地方,选择需要引用的工作簿 Book2,然后单击需要引用的单元格所在的工作表标签 Sheet1,再选中所需要的单元格 G3,则该引用就会出现在公式中。

5. 公式与函数的应用

Excel 的主要功能不在于它能显示、存储数据,更重要的是对数据的计算和分析能力。

1) 公式

公式是利用单元格的引用地址对存储在其中的数值数据进行计算的等式。它以＝开始,后面是计算的内容,由常量、单元格引用地址、运算符和函数组成。

公式中常用的运算符如下。

算术运算符:＋(加)、－(减)、*(乘)、/(除)、%(百分比)、^(乘方)。

比较运算符:＝、＞、＜、＞＝、＜＝、＜＞。

文本运算符:&(将一个或多个文本连接成为一个组合文本)。

引用运算符有",""、":"、空格。

通过以下步骤可以在 Excel 表格中创建公式。

(1) 选定输入公式的单元格。

(2) 输入等号＝。

(3) 在单元格或编辑栏中输入公式的具体内容。

(4) 按 Enter 键,完成公式的创建。

在公式中使用单元格的引用地址,是为了保证单元格中的数据是当前数据。只要改变当前单元格中的数据,公式中的数据也会随之改变。

例如,有"公司员工工资表.xls",计算每一位员工的实发工资,操作步骤如下。

(1) 打开"公司员工工资表.xls"工作簿,选定第一位员工"实发工资"单元格 G4。

(2) 在单元格中输入＝,用鼠标依次单击要参加计算的单元格,或在编辑栏中直接输入公式"＝D4＋E4－F4",Excel 自动计算并将结果显示在单元格中,同时公式内容显示在编辑栏中,如图 4-34 所示。

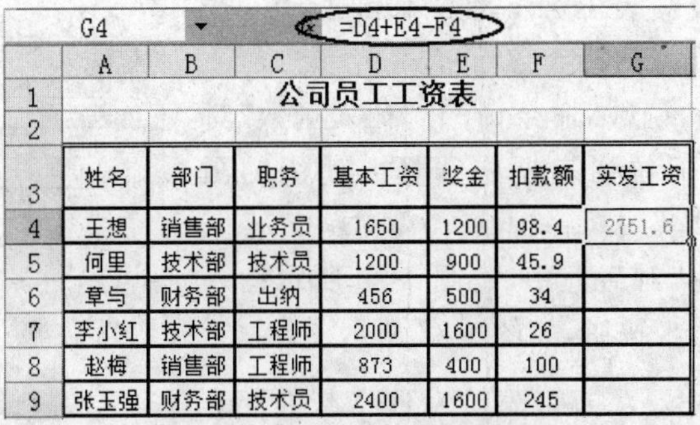

G4 =D4+E4-F4

	A	B	C	D	E	F	G
1	公司员工工资表						
2							
3	姓名	部门	职务	基本工资	奖金	扣款额	实发工资
4	王想	销售部	业务员	1650	1200	98.4	2751.6
5	何里	技术部	技术员	1200	900	45.9	
6	章与	财务部	出纳	456	500	34	
7	李小红	技术部	工程师	2000	1600	26	
8	赵梅	销售部	工程师	873	400	100	
9	张玉强	财务部	技术员	2400	1600	245	

图 4-34 使用公式计算实发工资

(3) 其他员工的实发工资可利用自动填充功能快速完成。方法是：移动鼠标到公式单元格右下角的填充柄处，当鼠标指针变成黑色“＋”字时，按住鼠标左键向下拖动经过目标区域，到达最后一个单元格时释放鼠标左键，公式自动填充完毕。

2) 函数

Excel 2003 提供了许多功能完备、易于使用的函数，涉及财务、日期和时间、数学与三角函数、统计等多方面。

Excel 函数处理数据的方式与直接创建公式处理数据的方式是相同的。例如，使用公式“＝A2＋B2＋C2＋D2”与使用函数“＝SUM(A2:D2)”，其作用是相同的。

所有函数都是由两部分组成：函数名和位于其后的一系列用括号括起来的参数，即：

```
函数名称(参数 1,参数 2,…)
```

其中，函数名代表该函数的功能，函数参数是函数运算的对象，可以是常量、单元格、单元格区域、公式或其他函数。函数参数中允许使用的引用运算符有区域运算符“：”、联合运算符“，”和交叉运算符空格，其含义如表 4-1 所示。

表 4-1 引用运算符的含义

引用运算符	示 例	含 义
:(区域运算符)	SUM(A1:C3)	对包括 A1 到 C3 引用在内的所有单元格区域的数值求和
,(联合运算符)	SUM(A1,C3)	对 A1 和 C3 两个引用单元格求和
空格(交叉运算符)	SUM(A1:C4 B2:D3)	对 A1 到 C4 和 B2 到 D3 两个引用的单元格区域求和

函数的输入有两种方法。

方法一：“插入函数”法。“插入函数”法是更常用的，可以选择“插入”|“函数”命令，或单击编辑栏左面的“插入函数”按钮 *fx*，在“插入函数”对话框的“选择函数”下拉列表框中选择要使用的函数。

方法二：直接输入法。在单元格或编辑栏中直接输入函数，用于比较简单的函数，如 MAX(求最大值)和 MIN(求最小值)等。

例如，有“学生成绩表.xls”，评选出三好生，条件是总分在 270 分(含 270)以上，操作步骤如下。

（1）打开"学生成绩表.xls"，如图 4-35 所示。选定第一位同学"评选"单元格 F3。

（2）选择"插入"|"函数"命令，打开"插入函数"对话框，在"选择函数"下拉列表框中选择要使用的函数 IF。

（3）在"函数参数"对话框中，按图 4-36 所示输入相应的参数，单击"确定"按钮，如图 4-37 所示。

	A	B	C	D	E	F
1	学生成绩表					
2	姓名	数学	英语	政治	总分	评选
3	李玉萍	85	94	78	257	
4	王皓	48	75	63	186	
5	赵丽萍	97	100	96	293	
6	何杰	72	87	88	247	

图 4-35 学生成绩表

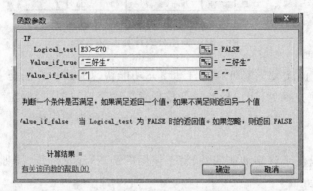

图 4-36 "函数参数"对话框

图 4-37 使用 IF 函数评选三好生

6. 格式化工作表

对工作表的操作就是对单元格的操作。因此，格式化工作表只需选择"格式"|"单元格"命令，根据需要在不同的选项卡中设置。

还可以根据给定的条件来决定数值的显示格式。

1）条件格式

例如，在"学生成绩表.xls"中，将各科成绩小于 60 分的数据设置成红色、倾斜、加粗格式，操作步骤如下。

（1）选定要使用条件格式的单元格区域（各科成绩）。

（2）选择"格式"|"条件格式"命令，弹出"条件格式"对话框，在相应的位置选择和输入条件，如图 4-38(a)所示。

（3）单击"格式"按钮，弹出"单元格格式"对话框，从中确定满足条件的单元格中数据的显示格式。

———— 计算机应用基础案例教程

(a) "条件格式"对话框　　　　　　　　　　(b) 满足条件后的格式

图 4-38　设置条件格式

（4）单击"确定"按钮，如图 4-38(b)所示。

若还有条件，可单击"添加"按钮，最多只能添加 3 个条件。

2）自动套用格式

对已经存在的工作表，为节省时间可以套用系统定义的各种格式来美化表格，其方法如下。

（1）选定要套用格式的单元格区域。

（2）选择"格式"|"自动套用格式"命令，弹出"自动套用格式"对话框，如图 4-39 所示。

（3）选择一种格式并单击"确定"按钮。

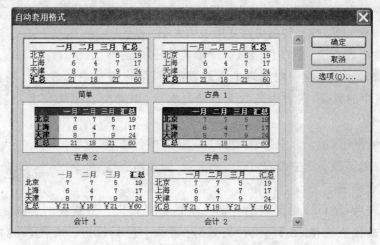

图 4-39　"自动套用格式"对话框

7. 图表的操作

用图表来描述电子表格中的数据是 Excel 的主要功能之一。Excel 能够将电子表格中的数据转换成各种类型的统计图表，更直观地揭示数据之间的关系，反映数据的变化规律和发展趋势，使人们能一目了然地进行数据分析。

1）建立图表

创建图表有两种方法。

（1）选择"视图"|"工具栏"|"图表"命令，可以创建简单的图表。

（2）选择"插入"|"图表"命令，或者单击工具栏中的"图表向导"按钮，即可创建图表。

创建图表的步骤如下。

（1）选定制作图表的数据区域，可以连续或不连续。

（2）设置图表的类型。选择"插入"|"图表"命令，打开"图表向导-4 步骤之 1-图表类型"对话框，选定"图表类型"。

（3）选定数据区域。数据区域的选定可以在进入"图表向导"之前做，也可以在此重新选定或修改。

（4）设置图表选项。在打开的"图表向导-4 步骤之 3-图表选项"对话框中设置，通过切换不同的选项卡设置图表的其他选项。

（5）设置图表的位置。在打开的"图表向导-4 步骤之 4-图表位置"对话框中设置图表位置。

2）编辑图表

创建图表之后，就可以对图表进行编辑了。选中图表区，单击"图表"菜单，选择要编辑的选项。编辑图表的操作主要包括以下 3 种。

（1）调整图表的位置和大小。使用鼠标拖动可以改变图表的位置，当选中图表时，图表边框出现 8 个句柄，拖动句柄可改变图表的大小。

（2）更改图表类型。选中图表，选择"图表"|"图表类型"命令。

（3）添加和删除数据。向图表中添加数据，只需将表格中的数据复制粘贴到图表中；删除表格中的数据，图表中的数据也随之删除，删除图表中的数据，不影响表格中的数据。

（4）修改图表选项。选中图表，选择"图表"|"图表选项"命令。

（5）添加趋势线。选中图表，选择"图表"|"添加趋势线"命令。

3）格式化图表

建立图表后，就可以对图表的各个选项进行格式化。最快捷的方法是，双击要进行格式设置的图表选项，在打开的"格式"对话框中进行设置。对图表的格式化操作主要包括：①格式化图表区；②设置分类轴格式；③设置数值轴格式；④设置图例格式。

4.4 案例3——学生电子档案管理

Excel 不仅具有数据计算处理能力，而且还具有数据库管理的一些功能。它可以方便、快捷地完成对数据进行排序、筛选、分类汇总、创建数据透视表等统计分析工作。

学校对学生档案的管理是教学管理中一项重要的工作。通过档案的管理，可以清楚地了解本校学生的情况。

将本案例分为3个小案例：案例（1）——排序，如图 4-40 所示；案例（2）——筛选，如图 4-41（a）及图 4-41（b）所示；案例（3）——分类汇总，如图 4-42 所示。

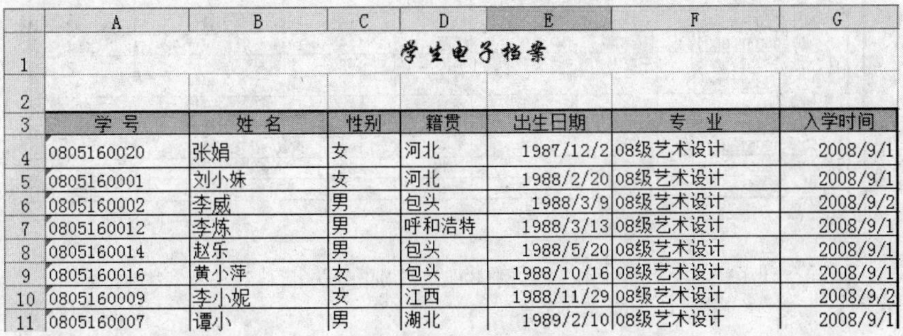

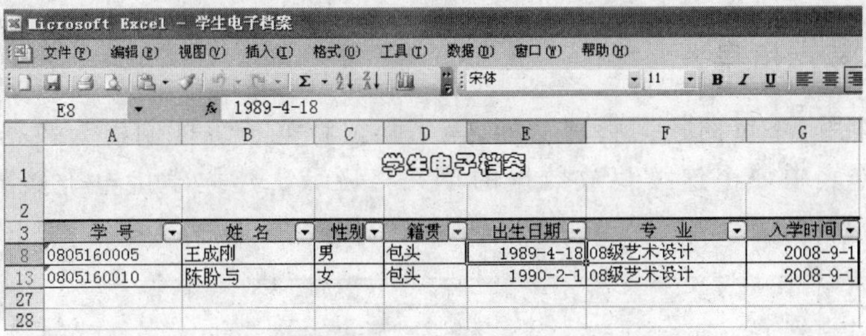

	A	B	C	D	E	F	G
1				学生电子档案			
2							
3	学 号	姓 名	性别	籍贯	出生日期	专 业	入学时间
4	0805160020	张娟	女	河北	1987/12/2	08级艺术设计	2008/9/1
5	0805160001	刘小妹	女	河北	1988/2/20	08级艺术设计	2008/9/1
6	0805160002	李威	男	包头	1988/3/9	08级艺术设计	2008/9/2
7	0805160012	李炼	男	呼和浩特	1988/3/13	08级艺术设计	2008/9/1
8	0805160014	赵乐	男	包头	1988/5/20	08级艺术设计	2008/9/1
9	0805160016	黄小萍	女	包头	1988/10/16	08级艺术设计	2008/9/1
10	0805160009	李小妮	女	江西	1988/11/29	08级艺术设计	2008/9/2
11	0805160007	谭小	男	湖北	1989/2/10	08级艺术设计	2008/9/1

图 4-40 案例（1）按"出生日期"排序

(a) 案例 (2) "自动筛选"

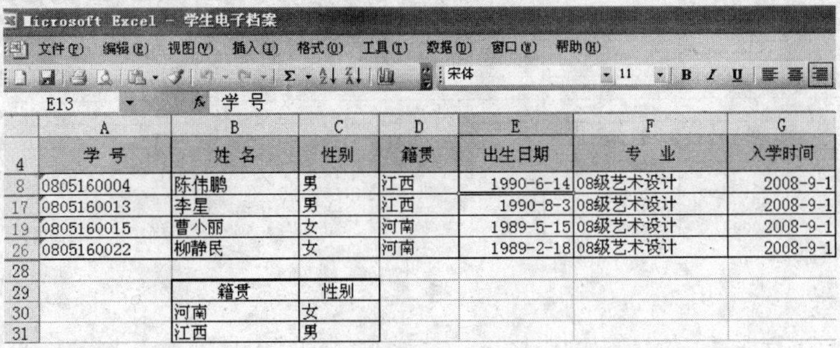

(b) 案例 (2) "高级筛选"

图 4-41 案例（2）"筛选"

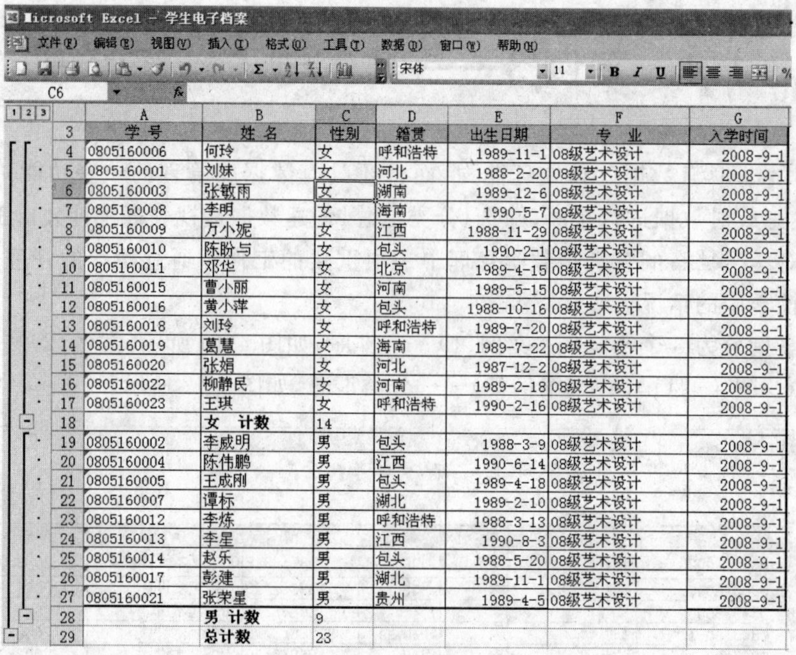

	学号	姓名	性别	籍贯	出生日期	专业	入学时间
3							
4	0805160006	何玲	女	呼和浩特	1989-11-1	08级艺术设计	2008-9-1
5	0805160001	刘妹	女	河北	1988-2-20	08级艺术设计	2008-9-1
6	0805160003	张敏雨	女	湖南	1989-12-6	08级艺术设计	2008-9-1
7	0805160008	李明	女	海南	1990-5-7	08级艺术设计	2008-9-1
8	0805160009	万小妮	女	江西	1988-11-29	08级艺术设计	2008-9-1
9	0805160010	陈盼与	女	包头	1990-2-1	08级艺术设计	2008-9-1
10	0805160011	邓华	女	北京	1989-4-15	08级艺术设计	2008-9-1
11	0805160015	曹小丽	女	河南	1989-5-15	08级艺术设计	2008-9-1
12	0805160016	黄小萍	女	包头	1988-10-16	08级艺术设计	2008-9-1
13	0805160018	刘玲	女	呼和浩特	1989-7-20	08级艺术设计	2008-9-1
14	0805160019	葛慧	女	海南	1989-7-22	08级艺术设计	2008-9-1
15	0805160020	张娟	女	河北	1987-12-2	08级艺术设计	2008-9-1
16	0805160022	柳静民	女	河南	1990-2-16	08级艺术设计	2008-9-1
17	0805160023	王琪	女	呼和浩特	1990-2-16	08级艺术设计	2008-9-1
18		女 计数	14				
19	0805160002	李威明	男	包头	1988-3-9	08级艺术设计	2008-9-1
20	0805160004	陈伟鹏	男	江西	1990-6-14	08级艺术设计	2008-9-1
21	0805160005	王成刚	男	包头	1989-4-18	08级艺术设计	2008-9-1
22	0805160007	谭标	男	湖北	1989-2-10	08级艺术设计	2008-9-1
23	0805160012	李炼	男	呼和浩特	1988-3-13	08级艺术设计	2008-9-1
24	0805160013	李星	男	江西	1990-8-3	08级艺术设计	2008-9-1
25	0805160014	赵乐	男	包头	1988-5-20	08级艺术设计	2008-9-1
26	0805160017	彭建	男	湖北	1989-11-1	08级艺术设计	2008-9-1
27	0805160021	张荣星	男	贵州	1989-4-5	08级艺术设计	2008-9-1
28		男 计数	9				
29		总计数	23				

图 4-42　案例(3)按"性别"分类汇总

4.4.1　案例操作

1. 建立数据清单

如果要使用 Excel 的数据管理功能,首先必须将电子表格创建为数据清单。数据清单是指工作表中一个连续存放数据的单元格区域。建立学生电子档案,如图 4-43 所示。

	A	B	C	D	E	F	G
1			学生电子档案				
2							
3	学 号	姓 名	性别	籍贯	出生日期	专 业	入学时间
4	0805160001	刘小妹	女	河北	1988/2/20	08级艺术设计	2008/9/1
5	0805160002	李威	男	包头	1988/3/9	08级艺术设计	2008/9/2
6	0805160003	张敏	女	湖南	1989/12/6	08级艺术设计	2008/8/30
7	0805160004	王伟鹏	男	江西	1990/6/14	08级艺术设计	2008/9/1
8	0805160005	成刚	男	包头	1989/4/18	08级艺术设计	2008/9/1
9	0805160006	何玲伶	女	呼和浩特	1989/11/1	08级艺术设计	2008/9/1
10	0805160007	谭小	男	湖北	1989/2/10	08级艺术设计	2008/9/1
11	0805160008	李明明	女	海南	1990/5/7	08级艺术设计	2008/9/1
12	0805160009	李小妮	女	江西	1988/11/29	08级艺术设计	2008/9/2

图 4-43　学生电子档案

2. 案例(1)——按"出生日期"排序

(1) 选中数据清单中的任意单元格,选择"数据"|"排序"命令,打开"排序"对话框,如

图 4-44 所示。

(2) 在"主要关键字"下拉列表框中选择"出生日期"，然后选中"升序"或"降序"单选按钮。如果出生日期相同，可选择"次要关键字"，再相同则选择"第三关键字"，最后单击"确定"按钮，如图 4-40 所示。

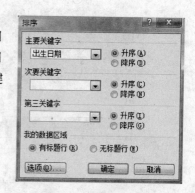

图 4-44 "排序"对话框

3. 案例（2）——按条件筛选数据

1）筛选出 1988-12-31 以后出生的包头籍学生

操作步骤如下。

(1) 选中数据清单中的任意单元格，单击"数据"菜单，选择"筛选"|"自动筛选"命令，单击"籍贯"单元格右下角的下拉按钮，先筛选出包头籍的学生，筛选结果如图 4-45 所示。

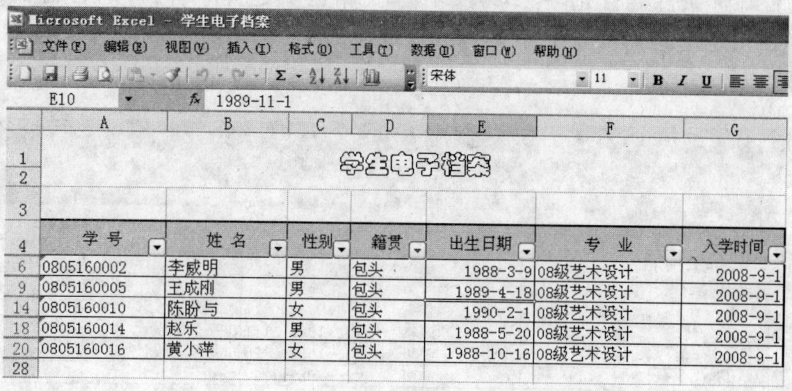

	A	B	C	D	E	F	G
	学 号	姓 名	性别	籍贯	出生日期	专 业	入学时间
6	0805160002	李威明	男	包头	1988-3-9	08级艺术设计	2008-9-1
9	0805160005	王成刚	男	包头	1989-4-18	08级艺术设计	2008-9-1
14	0805160010	陈盼与	女	包头	1990-2-1	08级艺术设计	2008-9-1
18	0805160014	赵乐	男	包头	1988-5-20	08级艺术设计	2008-9-1
20	0805160016	黄小萍	女	包头	1988-10-16	08级艺术设计	2008-9-1

图 4-45 "自动筛选"结果（一）

(2) 再单击"出生日期"单元格右下角的下拉按钮，选择"自定义"命令，打开"自定义自动筛选方式"对话框，输入筛选条件，如图 4-46 所示。

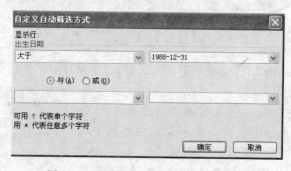

图 4-46 "自定义自动筛选方式"对话框

(3) 单击"确定"按钮，筛选结果如图 4-47 所示。

Excel 提供了自动筛选和高级筛选两种方法。

由于条件是"逻辑与"的关系，在这使用"自动筛选"方法。

图 4-47 "自动筛选"结果(二)

2)筛选出河南籍的女同学和江西籍的男同学

操作步骤如下。

(1)设置筛选条件。首先,在 B29:C31 单元格区域建立条件区域,首行输入字段名:"籍贯"、"性别",第 2 行对应字段下方输入筛选条件:"河南"、"女"以及"江西"、"男",如图 4-48 所示。

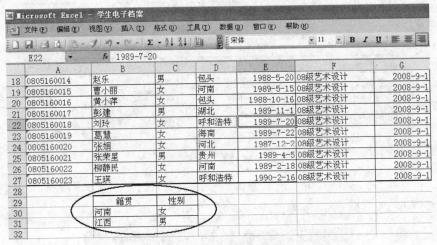

图 4-48　建立"高级筛选"条件区域

(2)选中数据清单中的任意单元格,单击"数据"菜单,选择"筛选"|"高级筛选"命令,打开"高级筛选"对话框,如图 4-49 所示。

(3)在"方式"中选中"在原有区域显示筛选结果"单选按钮,以确定结果的输出位置,"条件区域"文本框中是选中筛选条件的单元格区域。

(4)单击"确定"按钮,筛选结果如图 4-50 所示。

由于条件是"逻辑或"的关系,因此,应使用"高级筛选"。高级筛选能实现数据清单中多字段之间复杂的"逻辑或"关系。

注意:条件区域用于输入筛选条件,它与数据清单

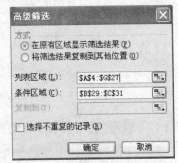

图 4-49　"高级筛选"对话框

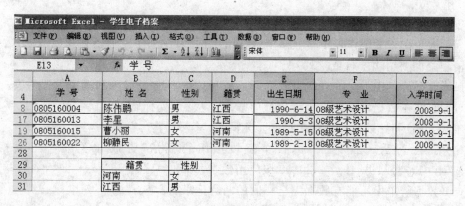

图4-50 "高级筛选"结果

之间必须用空行或空列分隔开来,首行是与数据清单中匹配的字段名,第2行是输入的筛选条件。

4. 案例(3)——按条件分类汇总

统计某专业男生和女生的人数。操作步骤如下。

(1)选择"数据"|"排序"命令,打开"排序"对话框,选择"主要关键字"下拉列表框中的"性别",确定其排序方式为升序。或使用快捷方法:选择"性别"一列中的任意单元格,单击工具栏中的"升序"或"降序"按钮。

(2)选择"数据"|"分类汇总"命令,打开"分类汇总"对话框,如图4-51所示,在"分类字段"下拉列表框中选择"性别",在"汇总方式"下拉列表框中选择"计数",在"选定汇总项"列表框中选择"性别"。

(3)单击"确定"按钮,如图4-42所示。

注意:分类汇总前必须对分类字段排序,在数据清单中Excel只能同时对一个字段分类,可进行多次汇总。如果对多个字段分类,需使用数据透视表。

图4-51 "分类汇总"对话框

4.4.2 知识技能点提炼

1. 数据管理和分析

1)建立数据清单

如果要使用Excel的数据管理功能,首先必须将电子表格创建为数据清单。数据清单是一种特殊的表格,包括两部分:表结构和表记录,表结构即字段名称(列标题),Excel将利用字段名对数据进行查找、排序以及筛选等操作;数据清单中的每一行为一条记录,表记录是Excel实施管理功能的对象。

创建数据清单应遵循下列准则。

(1) 避免在一个工作表中建立多个数据清单，如果在工作表中还有其他数据，数据与数据清单之间要留出空行或空列。

(2) 数据清单中不允许有空行或空列，否则会影响 Excel 检测和选定数据列表。

(3) 通常在数据清单的第一行创建字段名，也就是列标题，如姓名、性别等。字段名必须唯一，并且同一列中的数据类型必须相同。

(4) 每一行为一个记录，由各个字段值组合而成，存放相关的一组数据，如"0805160001、刘强、男、1987-2-20、08 级应用数学、2008-9-1"。

(5) 数据清单中不能有数据完全相同的两行记录。

数据清单的建立和编辑有两种方法。

方法一：与 Excel 工作表的建立和编辑相同。

方法二：使用记录单。首先选定字段名区域及记录区域，选择"数据"|"记录单"命令，在输入字段名后以记录为单位来输入数据及编辑，如图 4-52(a)所示。

利用数据记录单可以在数据清单中一次输入或显示一个完整的信息行，即一条记录的内容，如图 4-52(b)所示。还可以方便地查找、添加、修改及删除数据清单中的记录，如查找包头籍学生的记录，单击"条件"按钮，在"籍贯"文本框中输入"包头"，如图 4-52(c)所示，通过单击"上一条"和"下一条"按钮就可以看到所有包头籍学生的记录。

(a) 记录单

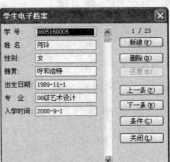
(b) 显示一条记录

(c) 查找记录单

图 4-52　记录单的使用

2) 数据筛选

Excel 提供了自动筛选和高级筛选两种方法。

选择"数据"|"筛选"命令即可使用自动筛选和高级筛选命令。

自动筛选可以针对简单条件的单个字段进行筛选，也可以针对多字段的"逻辑与"关系进行筛选。如本例中筛选出 1988-12-31 以后出生的包头籍学生，出生日期和籍贯是"逻辑与"的关系，先筛选籍贯，后筛选出生日期。

高级筛选能实现数据清单中多字段之间"逻辑或"的筛选关系。

在进行高级筛选时，不会出现自动筛选的下拉箭头，而是需要在条件区域输入条件。条件区域应建立在数据清单以外，用空行或空列与数据清单分隔。

输入筛选条件时，应首先根据条件在首行输入条件字段名，必须与数据清单中的字段名精确匹配,在字段名下方输入筛选条件。"与"关系的条件必须出现在同一行,"或"关系的条件不能出现在同一行。

选择"数据"|"筛选"|"高级筛选"命令,在其对话框内进行数据区域和条件区域的选择。如本例中的"筛选出河南籍的女同学和江西籍的男同学"。

3)数据排序

排列的方式主要是:数值按大小排序,时间按先后排序,英文字母(不区分大小写)按字母顺序排序,汉字按拼音首字母顺序或笔画多少排序。

用来排序的字段称为关键字。排序分为升序(递增)或降序(递减),排序方向有按行排序和按列排序,此外,还可以自定义排序。

数据排序有两种:简单排序和复杂排序。

(1)简单排序。只对一个关键字进行的排序称为简单排序。任选一列单元格,单击"常用"工具栏中的"升序"或"降序"按钮就可以对该列数据快速排序,也可以选择"数据"|"排序"命令来完成操作。

(2)复杂排序。对多个关键字进行排序的操作称为复杂排序。复杂排序时,应先按照主关键字排序,当主关键字排序出现相同字段值时,可按次关键字进行排序,Excel最多允许设置3个排序关键字。可以通过选择"数据"|"排序"命令,打开"排序"对话框,依次设置"主要关键字"、"次要关键字"和"第三关键字"后,单击"确定"按钮来实现。

4)分类汇总

分类汇总针对某个字段进行分类,将同类别的数据放在一起,再进行求和、计数、求平均值等汇总运算。

注意:在分类汇总之前,必须对分类字段排序,否则将得不到正确的分类汇总结果;在数据清单中 Excel 只能同时对一个字段分类,可进行多次汇总。

分类汇总有两种:简单汇总和嵌套汇总。

(1)简单汇总是指对数据清单的某个字段做一种方式的汇总。例如,计算各部门实发工资。有"公司员工工资表.xls",如图 4-53 所示。操作步骤如下。

	A	B	C	D	E	F	G
1	公司员工工资表						
2							
3	姓名	部门	职务	基本工资	奖金	扣款额	实发工资
4	王想	销售部	业务员	1650	1200	98.4	2751.6
5	何里	技术部	技术员	1200	900	45.9	2054.1
6	章与	财务部	出纳	456	500	34	922
7	李小红	技术部	工程师	2000	1600	26	3574
8	赵梅	销售部	工程师	873	400	100	1173
9	张玉强	财务部	技术员	2400	1600	245	3755

图 4-53　公司员工工资表

① 首先,对字段"部门"排序。选择"数据"|"排序"命令,打开"排序"对话框,选择"主要关键字"下拉列表框中的"部门",再确定其排序方式。也可以使用快捷方法:选择"性

别"一列中的任意单元格,单击工具栏中的"升序"或"降序"按钮。

② 选择"数据"|"分类汇总"命令,打开"分类汇总"对话框,如图 4-54 所示。分别选择"分类字段"为"部门","汇总方式"为"求和","选定汇总项"为"实发工资",并清除其余默认汇总项,单击"确定"按钮。

图 4-54 "分类汇总"对话框

分类汇总后,默认情况下,数据会分 3 级显示。用户可以单击左侧分级显示区上方的"1"、"2"、"3"分级按钮,以控制显示的内容。如,单击按钮"1",显示数据清单中的列标题和总计结果;单击按钮"2",显示各个分类汇总结果和总计结果;单击按钮"3",显示全部明细数据。数据清单左侧的"+"号,表示该层明细数据没有展开,单击"+"号可显示明细数据,同时"+"号变为"-"号;单击"-"号可以隐藏该层的明细数据,同时"-"号变为"+"号。

取消分类汇总的操作很简单,用户只需选择"数据"|"分类汇总"命令,在打开的"分类汇总"对话框中,单击"全部删除"按钮即可。

(2) 嵌套汇总是指对同一字段进行多种不同方式的汇总,通常需要进行多次汇总。

例如,统计各部门人数,以及各部门最高实发工资,操作步骤如下。

① 打开"公司员工工资表.xls"。

② 按"部门"分类,对其排序。选定"部门"一列任意单元格,单击工具栏中的"升序"或"降序"按钮。

③ 选择"数据"|"分类汇总"命令,打开"分类汇总"对话框,在"分类"字段中选择"部门","汇总方式"中选择"计数","选定汇总项"中选择"部门",单击"确定"按钮,统计出各部门人数,如图 4-55 所示。再打开"分类汇总"对话框,进行第二次汇总,按图 4-56 所示选择各项。

	A	B	C	D	E	F	G
1			公司员工工资表				
2							
3	姓名	部门	职务	基本工资	奖金	扣款额	实发工资
4	章与	财务部	出纳	456	500	34	922
5	张玉强	财务部	技术员	2400	1600	245	3755
6	财务部 计数	2					
7	何里	技术部	技术员	1200	900	45.9	2054.1
8	李小红	技术部	工程师	2000	1600	26	3574
9	技术部 计数	2					
10	王想	销售部	业务员	1650	1200	98.4	2751.6
11	赵梅	销售部	工程师	873	400	100	1173
12	销售部 计数	2					
13	总计数	6					

图 4-55 统计各部门人数

④ 单击"确定"按钮,如图 4-57 所示。

注意:第二次汇总时应取消选中"替换当前分类汇总"复选框。

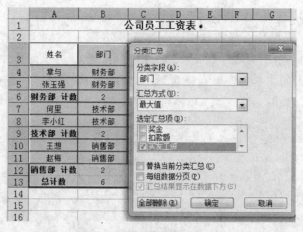

图 4-56　汇总各部门最高实发工资

	A	B	C	D	E	F	G
1			公司员工工资表				
2							
3	姓名	部门	职务	基本工资	奖金	扣款额	实发工资
4	章与	财务部	出纳	456	500	34	922
5	张玉强	财务部	技术员	2400	1600	245	3755
6	财务部 计数	2					
7		财务部 最大值					3755
8	何里	技术部	技术员	1200	900	45.9	2054.1
9	李小红	技术部	工程师	2000	1600	26	3574
10	技术部 计数	2					
11		技术部 最大值					3574
12	王想	销售部	业务员	1650	1200	98.4	2751.6
13	赵梅	销售部	工程师	873	400	100	1173
14	销售部 计数	2					
15		销售部 最大值					2751.6
16	总计数	8					
17		总计最大值					3755

图 4-57　统计各部门实发工资最大值

4.5　知 识 扩 展

4.5.1　基本操作

1. 数据的编辑

1）使用批注

插入批注,可以对某一个单元格的内容或作用进行注释。方法是:选中单元格,选择"插入"|"批注"命令。

2）选择性粘贴

用复制与粘贴命令复制单元格时,包含了单元格的全部信息。如果希望有选择地

复制单元格数据,应选择"编辑"|"选择性粘贴"命令,弹出"选择性粘贴"对话框,如图 4-58 所示。需要粘贴什么只需选中该内容就可以了。

如果将每人的基本工资统一加 1000 元,操作是:在空白单元格中输入 1000,并将其复制,然后选定每人的基本工资单元格区域 D4:D9,选择"编辑"|"选择性粘贴"命令,选择"运算"中的"加",如图 4-59 所示,单击"确定"按钮。

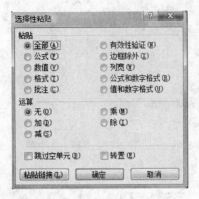

图 4-58 "选择性粘贴"对话框　　　　　图 4-59 选择"加"运算

3)查找和替换

查找和替换是编辑处理过程中经常要执行的操作。使用"查找"命令,可以在工作表中快速找到要查找的内容。使用"替换"命令时,可以在查找的同时自动进行替换,还可以将找到的内容替换为新格式。

(1)查找。选择"编辑"|"查找"命令,弹出"查找"对话框。在对话框中输入查找内容,并指定搜索方式(按行或列)和搜索范围。输入查找内容时,可以采用通配符"?"、"＊"。与 Windows 一样,通配符"?"表示一个任意字符,"＊"表示多个任意字符。

(2)替换。选择"编辑"|"替换"命令,弹出"替换"对话框。在对话框中输入新数据。单击"全部替换"按钮,所有找到的指定内容均被替换。

2. 工作表的分割

对于较大的表格,由于屏幕大小的限制,看不到全部单元格。若要在同一屏幕查看相距较远的两个区域的单元格,可以对工作表进行横向或纵向分割,以便查看或编辑同一工作表中不同区域的单元格。

在工作簿窗口的垂直滚动条的上方有"水平分割条",当鼠标指针移到此处时,呈上下双箭头状,如图 4-60 所示;在水平滚动条的右端有"垂直分割条",当鼠标指针移到此处时,呈左右双箭头状,如图 4-61 所示。

(1)水平分割工作表。鼠标指针移到"水平分割条"处,上下拖动"水平分割条"到合适位置,则把原工作簿窗口分成上下两个窗口。每个窗口有各自的滚动条,通过移动滚动条,两个窗口在"行"的方向可以显示同一工作表的不同部分。

（2）垂直分割工作表。鼠标指针移到"垂直分割条"处，左右拖动"垂直分割条"到合适位置，则把原工作簿窗口分成左右两个窗口。两个窗口在"列"的方向可以显示同一工作表的不同部分。

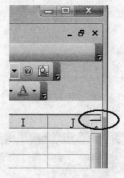

图 4-60 "水平分割条"

图 4-61 "垂直分割条"

4.5.2 数据管理和分析

分类汇总适合按一个字段分类，可对一个或多个字段值进行汇总。如果要对多个字段分类汇总，就需要利用数据透视表。

数据透视表是一种交互式报表，主要用于快速汇总大量数据。可以通过对行和列的不同组合来查看对源数据的汇总，也可以通过显示不同的页来筛选数据，还可以根据需要显示区域中的明细数据。

以案例 3 为例，显示不同"籍贯"的男女生人数，操作步骤如下。

（1）选中数据清单中的任意单元格，单击"数据"菜单，选择"数据透视表和数据透视图"命令，打开"数据透视表和数据透视图向导——3 步骤之 1"对话框。

（2）选中"所需创建的报表类型"中的"数据透视表"单选按钮，单击"下一步"按钮，打开"数据透视表和数据透视图向导——3 步骤之 2"对话框，如图 4-62 所示。

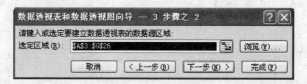

图 4-62 "数据透视表和数据透视图向导——3 步骤之 2"对话框

（3）单击"下一步"按钮，打开"数据透视表和数据透视图向导——3 步骤之 3"对话框，如图 4-63 所示，选中"数据透视表显示位置"中的"新建工作表"单选按钮。

（4）单击"布局"按钮，打开"数据透视表和数据透视图向导——布局"对话框，如图 4-64(a)所示。拖动"籍贯"字段到"行"区域，拖动"性别"字段到"列"区域，拖动"性别"字段到"数据"区域，如图 4-64(b)所示。

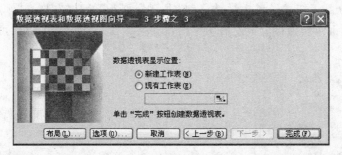

图 4-63 "数据透视表和数据透视图向导——3 步骤之 3"对话框

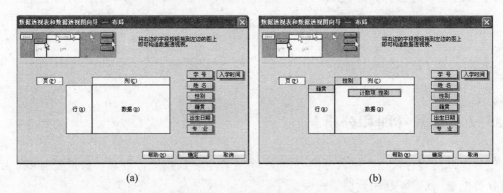

(a)   (b)

图 4-64 "数据透视表和数据透视图向导——布局"对话框

（5）依次单击"确定"、"完成"按钮，如图 4-65 所示。

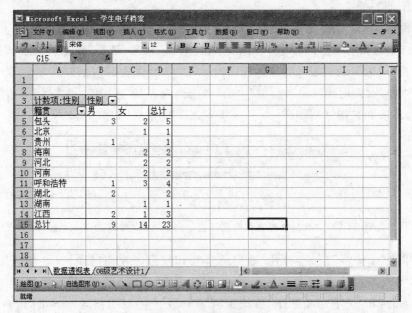

图 4-65 数据透视表

4.5.3 宏按钮的制作

在 Office 2003 中，宏具有很强的功能，既可以帮助用户批量地完成某个操作，也可以把一个操作存储起来以方便下一次直接调用，在某些情况下大大提高了工作效率。

学校每年都面临着大量新生入学报到的情况，如果手工填写签到表，工作效率很低。使用电子签到表，工作效率会大大提高。

学生入学自动签到表用来记录学生的信息和签到时间。学生信息包括序号、姓名、性别、出生年月、考生生源地、报考专业和签到日期等。利用前面所学的知识统计报到人数、考生生源地人数和报考专业人数。

本节案例是建立“学生入学自动签到表.xls”，采用电子注册方法，其效果如图 4-66 所示。

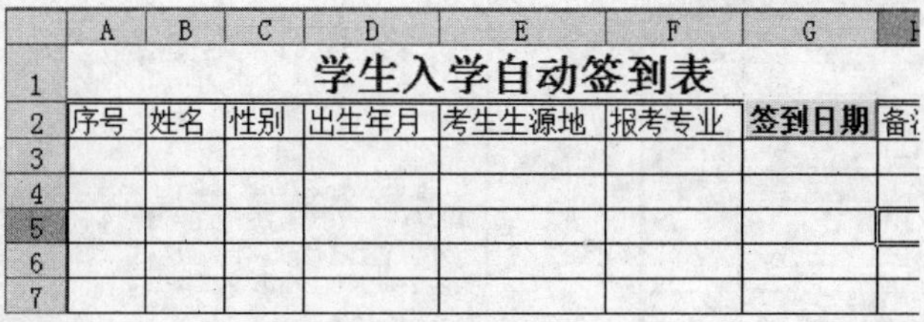

	A	B	C	D	E	F	G	H
1	学生入学自动签到表							
2	序号	姓名	性别	出生年月	考生生源地	报考专业	签到日期	备注
3								
4								
5								
6								
7								

图 4-66 学生入学自动签到表

1. 建立基本表格

操作步骤如下：

(1) 在 A1 单元格中输入标题“学生入学自动签到表”，在 A2:I2 单元格区域中分别输入“序号”、“姓名”、“性别”、“出生年月”、“考生生源地”、“报考专业”、“签到日期”、“备注”、“报到人数”。

(2) 选中 A3 单元格，输入第一位学生的序号，其他同学的序号通过拖动 A3 单元格填充柄实现。

(3) 选中 D3 单元格，选择“格式”|“单元格”命令，打开“单元格格式”对话框，选择“数字”选项卡，选择“分类”中的“日期”选项，确定需要的日期类型。其他同学的“出生年月”格式的设置可通过单击工具栏中的“格式刷”按钮或选择“编辑”|“选择性粘贴”命令实现。

2. 设置宏按钮

经常在 Excel 中重复某项任务，那么可以用宏自动执行该任务。宏是一系列命令和函数，存储于 Visual Basic 模块中，在需要执行该任务时可随时运行。

1) 录制宏

录制宏时，Excel 存储执行一系列命令过程的每一步，以后运行宏来重复所录制的过程中的这些命令。

(1) 选定图 4-66 中的 G3 单元格，选择“工具”|“宏”命令，选择其中的“录制新宏”子

命令,打开"录制新宏"对话框,如图 4-67 所示。在"宏名"文本框中输入"当前时间"。

(2) 单击"确定"按钮,开始录制宏。

(3) 在 G3 单元格中输入公式"=.TODAY()",按 Enter 键,则返回当前日期。

(4) 单击"停止录制"按钮,结束宏的录制。

注意:如果在录制宏时出错,所做的修改也会被录制下来。

2) 制作"签到日期"按钮

(1) 选择"视图"|"工具栏"|"窗体"命令,打开"窗体"工具栏,选择"按钮",在 G2 单元格上画出一个按钮,释放鼠标,自动打开一个"指定宏"对话框,如图 4-68 所示,选择"宏名"为"当前时间",单击"确定"按钮。

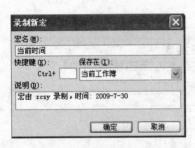

图 4-67 "录制新宏"对话框

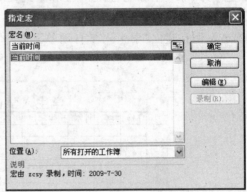

图 4-68 "指定宏"对话框

(2) 将按钮上的文字修改为"签到日期",字体设置为"楷体"、字号 12、加粗。

3) 设置公式的计算方式

在默认状态下,每单击一次"签到日期"按钮,系统都会自动重新计算所有的公式,这样会导致所有日期相同。因此,需要重新设置计算方式。

步骤:选择"工具"|"选项"命令,选择"重新计算"选项卡,选中"计算"中的"手动重算"单选按钮,如图 4-69 所示,单击"确定"按钮。

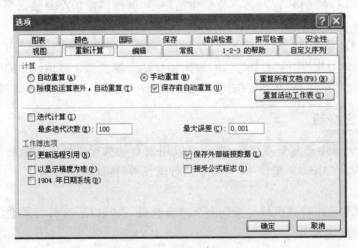

图 4-69 "选项"对话框

4）使用宏按钮

将光标定位在某学生要签到的单元格中，单击"签到日期"按钮，就会在该单元格中显示出当前日期，省去人工书写的烦琐，提高了工作效率。

3. 设置数据的有效性

在大量录入数据时，难免会出现错误，因此，对要录入的数据设定"有效性"、"提示信息"或"出错警告"，以避免错误发生，操作步骤如下。

（1）选中需要进行数据有效性设定的单元格或单元格区域。

（2）选择"数据"|"有效性"命令，打开"数据有效性"对话框，选择"设置"选项卡。

（3）在"允许"下拉列表框中，选择在单元格中允许输入的数据类型，如整数、日期或文本等，也可以通过"自定义"设置数据的取值范围。

1）对"性别"一列设定数据的有效性

操作步骤如下。

（1）选定 C3:C49 单元格区域（根据大约入学人数选择单元格区域），选择"数据"|"有效性"命令，打开"数据有效性"对话框，如图 4-70 所示。

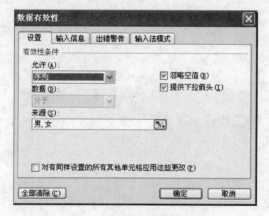

图 4-70 "数据有效性"对话框

（2）在"允许"下拉列表框中选定"序列"选项，在"来源"文本框中输入"男,女"。

（3）单击"确定"按钮。

2）输入数据

单击设置过数据有效性的单元格，旁边会出现一个下拉箭头，单击下拉按钮，打开下拉列表选项，从中选择需要的选项，如图 4-71 所示。

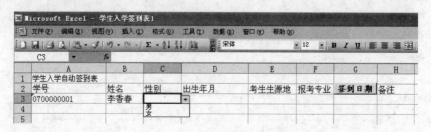

图 4-71 利用下拉列表输入数据

还可以对"考生生源地"、"报考专业"设定数据的有效性,方法同上。

4. 统计报到人数

选定"姓名"单元格区域,即可在状态栏中显示出报到人数。"考生生源地"人数和"报考专业"人数的统计可以通过"分类汇总"功能求得,这里不再赘述。

本 章 小 结

本章首先介绍了 Excel 的基本知识;通过对 3 个案例的操作,分别介绍了所涉及到的知识点:数据的输入以及格式化的设置;函数和公式的使用以及图表的制作。知识扩展中主要介绍了对数据的管理和分析以及宏的使用。

第 5 章 PowerPoint 2003 演示文稿

本章学习目标

PowerPoint 2003 是 Office 2003 系列产品之一,是一款专业制作演示文稿的软件。PowerPoint 广泛应用于学术交流、新品展示、会议报告、商务计划、广告宣传、多媒体教学课件、贺卡制作、电子相册制作等方面。本章通过具体的实例,详细地讲解 PowerPoint 2003 制作演示文稿的方法和步骤,可帮助读者有效地掌握 PowerPoint 制作演示文稿的方法和技巧,使读者能熟练运用所学知识,轻松地制作出集文字、图形、图像、声音、视频及动画于一体的多媒体演示文稿。

通过对本章的学习,读者应基本做到以下几点:

- 掌握利用 PowerPoint 2003 创建演示文稿的基本过程;
- 掌握演示文稿的基本编辑和操作技巧;
- 掌握演示文稿的动画设置;
- 掌握演示文稿的放映方法;
- 了解演示文稿的打包与打印。

5.1 PowerPoint 2003 概述

PowerPoint 2003 是一个专门制作演示文稿的应用软件。所谓演示文稿是指人们在介绍情况、阐述观点、演示成果以及传达信息时所展示的一系列材料。这些材料集文字、图形、图像、声音、视频等于一体,由一张张具有特定用途的幻灯片组成。这些幻灯片能够按指定的顺序和方式放映出来,具有很好的视听效果。

5.1.1 窗口介绍

启动 PowerPoint 2003 后,就可以看到 PowerPoint 2003 的主窗口,如图 5-1 所示。仔细观察,可以看出,PowerPoint 窗口与 Word 和 Excel 的窗口很类似,都由标题栏、菜单栏、工具栏、状态栏等组成。但是,窗口中的大纲/幻灯片窗格、视图切换工具栏、幻灯片编辑窗口、任务窗格、备注窗格却是 PowerPoint 所独有的。

1. 大纲/幻灯片窗格

大纲/幻灯片窗格包括"大纲窗格"和"幻灯片窗格"。

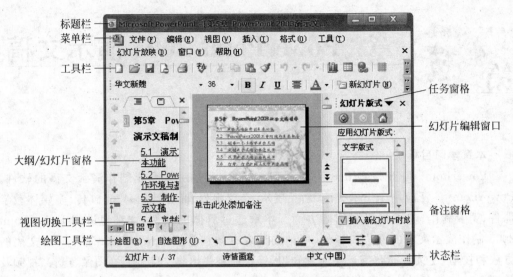

图 5-1　PowerPoint 普通视图窗口

1）幻灯片窗格

幻灯片以缩略图的形式显示，便于观看幻灯片的设计效果，一般用于添加、删除、移动和复制幻灯片等。单击"大纲/幻灯片窗格"中的"幻灯片"标签，即可打开"幻灯片窗格"。

2）大纲窗格

大纲窗格窗口较宽，方便输入和编辑演示文稿的内容，是调整、管理幻灯片的工具窗口。单击"大纲/幻灯片窗格"中的"大纲"标签，即可打开"大纲窗格"。

2．幻灯片编辑窗口

幻灯片编辑窗口是显示、加工、制作演示文稿的地方。

3．任务窗格

任务窗格中显示的是一些常用菜单中的命令。例如，在任务窗格中包含有"幻灯片版式"、"幻灯片设计"、"幻灯片切换"、"自定义动画"等命令。可通过选择"视图"|"任务窗格"命令打开任务窗格。

4．备注窗格

备注窗格可以在这里为当前的幻灯片添加备注信息。

5．视图切换工具栏

通过单击不同的按钮，可以切换到其他的视图模式。PowerPoint 2003 有 3 个主要的视图模式。

1）普通视图

普通视图是最常用的、系统默认的视图，在这种视图方式下用户可以撰写和设计演

计算机应用基础案例教程

示文稿,并组织当前文稿中所有幻灯片的结构。普通视图包含 3 种窗格:大纲窗格、幻灯片窗格和备注窗格。单击"视图切换工具栏"中的"普通视图"按钮,即可打开"普通视图"。

2) 幻灯片浏览视图

在幻灯片浏览视图中,可以在屏幕上同时看到演示文稿中所有幻灯片的缩略图。在该视图中,可以很容易地复制、添加、删除和移动幻灯片。单击"视图切换工具栏"中的"幻灯片浏览视图"按钮,即可打开"幻灯片浏览视图"。

3) 幻灯片放映视图

幻灯片放映视图是在计算机屏幕上像幻灯机那样动态地播放演示文稿的全部幻灯片,可以预览当前幻灯片的播放效果。单击"视图切换工具栏"中的"幻灯片放映视图"按钮,即可打开"幻灯片放映视图"。

5.1.2 PowerPoint 的概念

1. 演示文稿

为某一项演示工作而制作的若干张幻灯片单独存放在一个 PowerPoint 文件中,这个文件就称为演示文稿。演示文稿以文件的形式存放在 PowerPoint 文件中,称为演示文件,该文件的扩展名为.ppt。启动 PowerPoint 后出现的第一个演示文稿的默认名为"演示文稿 1"。

2. 幻灯片

在 PowerPoint 演示文稿中,创建和编辑的单页称为幻灯片。一个演示文稿文件通常由若干张幻灯片组成,制作演示文稿的过程就是制作一张一张幻灯片的过程。

3. 对象

演示文稿中的每一张幻灯片都是由若干个对象组成,对象是幻灯片重要的组成元素。插入到幻灯片中的文字、图片、表格、组织结构图及其他可插入元素,都是以一个个对象的形式出现在幻灯片中。用户可以选择对象,并对其编辑,也可以改变其属性。因此,幻灯片的制作过程就是制作一个一个对象的过程。

4. 版式

幻灯片的版式就是幻灯片上对象的布局形式,涉及组成对象的种类与相互之间的位置关系。PowerPoint 提供了 31 种幻灯片版式供用户选择。

每当插入新幻灯片时,都可以在"幻灯片版式"任务窗格中为其选择一种版式。版式由占位符组成,而占位符可放置文字(例如,标题和项目符号列表)和幻灯片内容(例如,表格、图表、图片、形状和剪贴画)。占位符用虚线显示在幻灯片上,并且包含提示信息。

5. 母版

母版是指一张具有特殊用途的幻灯片,其中已经设置了幻灯片的标题和文本的格式与位置。其作用是统一文稿中所有幻灯片的外观。此外,如果用户想要在演示文稿的每一张幻灯片上显示相同的图片、文本和特殊的格式,也可以向该母版中添加相应的内容。

PowerPoint 为每个演示文稿创建了一个母版集合:幻灯片母版、讲义母版和备注母版。母版中的信息往往是共有信息。例如,把学校的标记、名称及制作者的姓名等信息制作成为一个幻灯片母版,这样就可以把这些信息添加到演示文稿的每一张幻灯片中。

6. 模板

模板是指一个演示文稿整体上的外观设计方案,它包含预定义的文字格式、颜色以及幻灯片背景图案等,也是系统为演示文稿提供的设计完整、专业的外观应用模板,可以为用户节省幻灯片外观设计的时间。PowerPoint 所提供的模板通常保存在 Microsoft Office 中的 Template 文件夹中。

通过使用“幻灯片设计”任务窗格,可以预览设计模板并且将其应用于演示文稿。可以将模板应用于所有的或选定的幻灯片,而且可以在单个演示文稿中应用多种类型的设计模板。

用户也可以将自己创建的任何演示文稿保存为新的设计模板,并且以后可以在“幻灯片设计”任务窗格中使用该模板。

5.2 PowerPoint 2003 的基本操作

PowerPoint 2003 的基本操作包括两大部分,第一部分包括在幻灯片中插入文本框及对文本内容的编辑和格式化,向幻灯片中插入和编辑艺术字、剪贴画、图片、自选图形、表格、组织结构图、页眉和页脚、公式等,自选图形填充效果的设置等;第二部分包括添加、删除、移动幻灯片,幻灯片母版的设置,幻灯片版式的设置,幻灯片背景效果设置、设计模板、配色方案的应用,在幻灯片中插入多媒体对象,设置放映时间,动作按钮超链接的设置,幻灯片切换效果、动画效果的设置,幻灯片的放映、打印和打包等。

关于上述的第一部分,其基本操作与前面 Word 2003 中的相应操作基本类似,这里就不再赘述。下面就第二部分的操作,也是 PowerPoint 2003 中的基本操作做具体的介绍。

5.2.1 演示文稿的创建

1. 打开和保存演示文稿

1) 演示文稿的打开

启动 PowerPoint 后,选择“文件”|“打开”命令,弹出“打开”对话框,在“查找范围”列

表框中指明文件的路径,在"文件名"文本框中输入文件名,对话框右侧的预览窗中会显示出该演示文稿的首张幻灯片,单击"打开"按钮即可。

2)演示文稿的保存

PowerPoint 有 3 种保存方式。

- 如果是初始保存或原名保存,选择"文件"|"保存"命令或单击工具栏中的"保存"按钮,文件类型为 .ppt。
- 如果是换名保存或换位保存,选择"文件"|"另存为"命令,文件类型为 .ppt。
- 如果想保存为网页形式,选择"文件"|"另存为 Web 页"命令,文件类型为 HTML 格式文档。

2. 创建演示文稿

PowerPoint 2003 为用户提供了 4 种创建演示文稿的基本方法,分别是根据空演示文稿、根据设计模板、根据内容提示向导和根据现有演示文稿来创建。

1)根据"内容提示向导"创建演示文稿

使用"内容提示向导"创建演示文稿时,"内容提示向导"中包含演示文稿的主题及结构,使用户可以根据建议内容创建新演示文稿。PowerPoint 2003 对每张幻灯片中包含的内容提供了建议,用户只需根据向导的提示选择演示文稿的类型和样式,并设置一些选项即可。该方法适合在已知要创建的演示文稿的大概内容时使用。

2)根据"设计模板"创建演示文稿

PowerPoint 2003 提供了一系列设计精美的设计模板,使用户可以在已经具备设计概念、字体和颜色方案的 PowerPoint 模板的基础上轻松地创建演示文稿。设计模板中包含项目符号和字体的类型及大小、占位符大小及位置、背景设计及填充、配色方案以及幻灯片母版,用户只需考虑演示文稿的文本及内容。

3)根据"空演示文稿"创建演示文稿

新建一个空白演示文稿是创建新演示文稿的最简单的方法。在空白演示文稿中,用户可以完全按照自己的意愿设计演示文稿的版式,创建有个性的演示文稿。

4)根据"现有的演示文稿"创建演示文稿

如果用户的计算机中有一些现成的演示文稿,那么当需要再创建同类型的新演示文稿时,可以参照这些现有的演示文稿。

执行下列步骤之一即可选择上述一种创建新演示文稿的方法:

- 选择"文件"菜单下的"新建"命令,在打开的任务窗格中的"新建"栏中选择一种创建的方法。
- 选择"视图"菜单下的"任务窗格"命令,再单击任务窗格右侧的下拉按钮,选择"新建演示文稿"命令,在任务窗格中的"新建"栏中选择一种创建的方法。
- 单击工具栏中的"新建"按钮,再单击任务窗格右侧的下拉按钮,选择"新建演示文稿"命令,在任务窗格中的"新建"栏中选择一种创建的方法。
- 在首次启动 PowerPoint 2003 后,单击任务窗格右侧的下拉按钮,选择"新建演示文稿"命令,在任务窗格中的"新建"栏中选择一种创建的方法。

5.2.2　编辑占位符

1. 在"幻灯片编辑窗口"中编辑占位符

幻灯片编辑窗口中显示的文本框称为"占位符",占位符中可以有文本或其他对象,对占位符的编辑主要包括添加内容、改变大小以及移动位置等,编辑方法主要有两种。

1) 鼠标操作

(1) 单击占位符,选中占位符,根据占位符中的提示可以向占位符中添加内容(可以输入文本内容也可以添加其他对象)。

(2) 将鼠标移至占位符虚线框边缘的 8 个控点处,鼠标变为双箭头,此时拖动鼠标可以改变占位符的大小。将鼠标移至占位符虚线框边缘,鼠标变为花形箭头,此时拖动鼠标可以移动占位符的位置。

2) 菜单操作

(1) 单击占位符,选中占位符。

(2) 选择"格式"|"占位符"命令。

(3) 选择"尺寸"选项卡,可以通过"高度"、"宽度"等选项来调整占位符尺寸的大小,选择"位置"选项卡,通过选项的改变可以移动占位符的位置。还可选择"颜色和线条"选项卡,改变占位符中的填充颜色和占位符边框的样式、宽窄及颜色等。

(4) 单击"确定"按钮,完成操作。

2. 在"幻灯片大纲窗格"中编辑占位符

单击"大纲/幻灯片窗格"中的"大纲"标签,即可打开"幻灯片大纲窗格",在大纲窗格中设置插入点输入或编辑文本。使用"大纲"工具栏(可选择"视图"|"工具栏"|"大纲"命令打开)中的各种按钮,可以对选中的文本进行降级、升级、调整位置等操作。

5.2.3　编辑幻灯片

1. 添加幻灯片

(1) 选择"插入"|"新幻灯片"命令。

(2) 单击"工具栏"中的"插入新幻灯片"按钮。

使用上述两种方法中的任何一种,都会在当前选中的幻灯片之后添加一张新的幻灯片。

2. 复制幻灯片

1) 在"幻灯片窗格"中复制幻灯片

(1) 打开"幻灯片窗格",单击选中需要复制的一张幻灯片,右击鼠标,选择"复制"命令。

（2）将鼠标移动到目标位置,右击鼠标,选择"粘贴"命令。

2）在"幻灯片浏览视图"中复制幻灯片

（1）打开"幻灯片浏览视图",单击选中需要复制的一张幻灯片(按住 Ctrl 键可选择多张),右击鼠标,选择"复制"命令。

（2）将鼠标移动到目标位置,右击鼠标,选择"粘贴"命令。

也可直接选择要复制的一张或多张幻灯片,按住 Ctrl 键,拖动鼠标到目标位置。以上操作也可使用"菜单栏"和"工具栏"完成。

3. 移动幻灯片

1）在"幻灯片窗格"中移动幻灯片

（1）打开"幻灯片窗格",单击选中需要移动的一张幻灯片,右击鼠标,选择"剪切"命令。

（2）将鼠标移动到目标位置,右击鼠标,选择"粘贴"命令。

也可直接指向要移动的一张幻灯片,单击鼠标左键拖动到目标位置。

2）在"幻灯片浏览视图"中移动幻灯片

（1）打开"幻灯片浏览视图",单击选中需要移动的一张幻灯片(按住 Ctrl 键可选择多张),右击鼠标,选择"剪切"命令。

（2）将鼠标移动到目标位置,右击鼠标,选择"粘贴"命令。

也可直接选择要移动的一张幻灯片(按住 Ctrl 键可选择多张),单击鼠标左键拖动到目标位置。一条浮动的水平直线可以让用户知道幻灯片放置之前的确切位置。以上操作也可使用"菜单栏"和"工具栏"完成。

4. 删除幻灯片

1）在"幻灯片窗格"中删除幻灯片

打开"幻灯片窗格",单击选中需要删除的一张幻灯片(按住 Ctrl 键可选择多张),右击鼠标,选择"删除幻灯片"命令(也可按 Backspace 键或 Del 键)。

2）在"幻灯片浏览视图"中删除幻灯片

打开"幻灯片浏览视图",单击选中需要删除的一张幻灯片(按住 Ctrl 键可选择多张),右击鼠标,选择"删除幻灯片"命令(也可按 Backspace 键或 Del 键)。

5.2.4 幻灯片版式的设置

在有些情况下,用户需要通过改变幻灯片版式来改变幻灯片的布局。修改幻灯片版式的步骤如下。

（1）选择"格式"｜"幻灯片版式"命令,或单击任务窗格中的"幻灯片版式"命令。

（2）在打开的"应用幻灯片版式"列表框中,用鼠标指向选定的版式图,将会出现该版式的类型名称,同时在版式图的右侧出现一个下三角按钮,单击按钮打开窗口,如图 5-2 所示。

（3）在菜单中根据需要选择相应的命令即可。

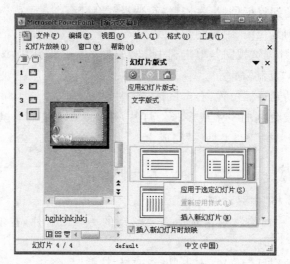

图 5-2 "幻灯片版式"任务窗格

5.2.5 幻灯片的动画效果

制作演示文稿的最终目的是进行演示,把它展示给观众,为了能够充分展示演示文稿的效果,用户可以在放映演示文稿之前对它进行一些设置,如可以为幻灯片上的文本、图形、图像和其他对象设置动画效果,这样就可以突出重点、控制信息的流程,并提高演示文稿的趣味性等。

1. 设置幻灯片切换效果

切换效果是加在连续放映的幻灯片之间的特殊效果。在幻灯片放映的过程中,由一张幻灯片转到另一张幻灯片时,可使用 PowerPoint 2003 中不同的技巧将下一张幻灯片显示到屏幕上。

为幻灯片添加切换效果最好在"幻灯片浏览视图"中进行,因为在浏览视图中用户可以看到演示文稿中所有的幻灯片,并且可以非常方便地选择要添加切换效果的幻灯片。

在为幻灯片设置切换效果时,用户可以为演示文稿中的每一张幻灯片设置不同的切换效果,也可以为多张幻灯片设置同一效果,设置幻灯片切换效果的步骤如下。

(1) 选择"视图"|"幻灯片浏览"命令,或单击"幻灯片浏览视图"按钮,进入幻灯片浏览视图方式。

(2) 选择"幻灯片放映"|"幻灯片切换"命令,弹出"幻灯片切换"任务窗格,如图 5-3 所示。

(3) 选中要添加切换效果的幻灯片(一张或多张)。

(4) 在"应用于所选幻灯片"列表框中选择一种切换效果。

(5) 在"修改切换效果"区域的"速度"下拉列表中设置"切换速度",一般有"快速"、"慢速"、"中速"3 个选项。

图 5-3 "幻灯片切换"任务窗格

（6）在"修改切换效果"区域的"声音"下拉列表中选择合适的切换声音，如果要求在幻灯片演示的过程中始终有声音，则选中"循环播放，到下一声音开始时"复选框。

（7）如果在"换片方式"区域中选中"单击鼠标时"复选框则单击鼠标换片，如果选中"每隔"复选框则可以设置在上一动画效果结束一定时间后自动换片。

（8）要将切换效果应用到所有的幻灯片上，可以单击"应用于所有幻灯片"按钮，否则设置的效果将应用于选定的幻灯片中。

2．设置动画效果

动画是为文本或对象添加的特殊视觉的动态效果，如可以让文字以打字机的形式播放，让图片产生飞入效果等。用户可以自定义幻灯片中各种对象的动画效果，也可以利用系统提供的动画方案设置幻灯片的动画效果。

1）动画方案

PowerPoint 2003 系统为用户提供了多种预定义动画方案，并对这些方案进行了分类，利用这些方案用户可以非常方便快速地为幻灯片设置动画效果。其设置步骤如下。

（1）选择要设置动画效果的幻灯片为当前幻灯片。

（2）选择"幻灯片放映"｜"动画方案"命令，打开"幻灯片设计"任务窗格。

（3）把鼠标指向"应用于所选幻灯片"列表中的某一动画方案稍停片刻，系统会弹出该动画效果的切换方式和幻灯片中各区域的动画效果，如图 5-4 所示。在列表中单击所需的动画方案，此时在幻灯片工作窗口中可以预览选择的动画效果。

（4）如果单击"应用于所有幻灯片"按钮，可以为所有的幻灯片加上相同的动画效果。

（5）如果单击"播放"按钮可以播放当前幻灯片效果。

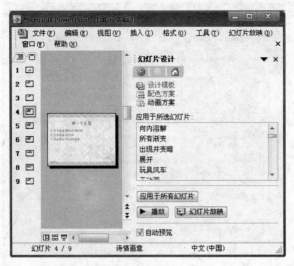

图 5-4 选择动画方案

（6）如果单击"幻灯片放映"按钮则从当前幻灯片开始连续播放。

2）自定义动画效果

使用动画方案可以很方便快速地为幻灯片添加动画效果，不过这种效果并不能对幻灯片中所有的项目和对象添加动画效果。用户可以使用 PowerPoint 2003 提供的自定义动画功能为幻灯片中的所有项目和对象添加动画效果。为幻灯片中的对象自定义动画效果的步骤如下。

（1）选择要设置文本动画效果的幻灯片为当前幻灯片，选择"幻灯片放映"｜"自定义动画"命令，打开"自定义动画"任务窗格。

（2）选中要自定义动画的对象，如选中标题占位符。

（3）单击"添加效果"按钮，出现"效果"列表菜单，系统共提供了 4 大项效果，分别为"进入"、"强调"、"退出"和"动作路径"。每种效果中又包含了不同的效果，如图 5-5 所示。

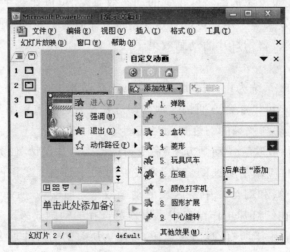

图 5-5 "自定义动画"任务窗格

这里选择"进入"下的"飞入"效果。

（4）在【开始】下拉列表中用户可以选择何时开始展示该动画效果，如图 5-6 所示。有三种选择，即单击时、之后、之前。如果选择"单击时"则单击鼠标时开始展示该动画效果，如果选择"之后"则在上一项动画结束后自动开始展示该动画效果，如果选择"之前"则与上一项动画同时自动开始展示该动画效果。

图 5-6　设置自定义动画的效果选项

（5）在"方向"下拉列表中选择对象的方向。用户要注意"方向"会随着用户添加效果的不同而改变名称。设置了动画效果后，对象前面会显示出动画编号。

（6）单击"播放"按钮，则设置的动画效果在幻灯片区自动播放，用户可以观察动画效果。

（7）把鼠标移至动画效果列表中任意一个动画效果上时，在该效果的右端将会出现一个下三角按钮，单击该按钮将会出现一个下拉列表，如图 5-6 所示。

（8）在列表中选择"效果选项"选项，则会打开动画效果对话框（不同的动画效果将打开不同的对话框），如图 5-7 所示。在对话框中选择"效果"、"计时"、"正文文本动画"选项卡，根据需要设置相应的效果。

（9）如果为幻灯片中的多个对象设置了动画效果，在"自定义动画"任务窗格中有该幻灯片中所有动画效果的列表，按照时间顺序排列并有标号，左边幻灯片视图中有相应的编号与之对应，位置在该效果对象的左上方。幻灯片

图 5-7　"效果"选项卡

中各对象的动画效果会根据编号依次进行展示，如果用户认为动画效果的先后次序不合理，可以使用效果列表下面的上移箭头↑或下移箭头↓改变动画效果的先后顺序。动画效果的顺序改变后，它的效果标号也跟着改变。

(10) 通过效果列表和效果标号都可以选定效果项,在选定效果选项后,任务窗格上方的"添加效果"按钮变为"更改"按钮,单击该按钮可以更改动画效果。

5.2.6　放映演示文稿

制作演示文稿的最终目的是把它展示给观众,用户可以根据不同的需要采用不同的方式放映演示文稿,如果有必要还可以在放映时对它进行控制。

1) 创建自定义放映

在放映演示文稿时,用户还可以根据自己的需要创建一个或多个自定义放映方案。可选择演示文稿中多个单独的幻灯片组成一个自定义放映方案,并可设定方案中各幻灯片的放映顺序。放映这个自定义方案时,PowerPoint 将会按事先设置好的幻灯片放映顺序放映。设置自定义放映的步骤如下。

(1) 选择"幻灯片放映"|"自定义放映"命令,打开"自定义放映"对话框。

(2) 单击"新建"按钮,打开"定义自定义放映"对话框,如图 5-8 所示。

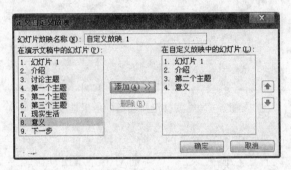

图 5-8　"定义自定义放映"对话框

(3) 在"幻灯片放映名称"文本框中输入自定义放映文件的名称。

(4) 在"在演示文稿中的幻灯片"列表框中选择要添加到自定义放映的幻灯片,并单击"添加"按钮。按此方法依次添加幻灯片到自定义放映幻灯片列表中。

(5) 单击"确定"按钮,返回到"自定义放映"对话框,在"自定义放映"列表框中显示了刚才创建的自定义放映的名称。

(6) 用户根据需要单击"放映"或"关闭"按钮。

2) 设置放映方式

PowerPoint 2003 提供了 3 种放映幻灯片的方法:演讲者放映、观众自行浏览、在展台浏览。3 种方式各有特点,可以满足不同环境、不同用户的需要。

选择"幻灯片放映"|"设置放映方式"命令,打开"设置放映方式"对话框,如图 5-9 所示。

(1) 演讲者放映。演讲者放映方式是最常见的放映方式,采用全屏显示,通常用于演讲者亲自播放演示文稿。使用这种方式,演讲者控制演示节奏,具有放映的完全控制权。如可以采用自动或人工方式放映,可以将演示文稿暂停,添加会议细节或即席反应,可以设置循环放映,还可以对幻灯中已添加的旁白及动画进行"打开"或"关闭"设置。还可以使用画笔。

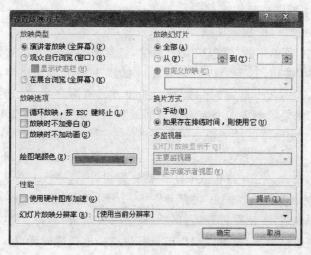

图 5-9　"设置放映方式"对话框

　　(2) 观众自行浏览。观众自行浏览放映方式以一种较小的规模运行放映。例如,个人通过某个局域网进行浏览。以这种方式放映演示文稿时,该演示文稿会出现在小型窗口内,并提供相应的操作命令,可以在放映时移动、编辑、复制和打印幻灯片。在这种方式中,可以使用滚动条从一张幻灯片移到另一张幻灯片。也可以显示 Web 工具栏,以便浏览其他的演示文稿和 Office 文档。

　　(3) 在展台浏览。展台浏览放映方式可自动运行演示文稿。例如,在展览会场或会议中需要运行无人管理的幻灯片放映,可以将演示文稿设置为此种方式,运行时大多数的菜单和命令都不可用,并且在每次放映完毕后重新开始。在这种放映方式中鼠标变得几乎毫无用处。在该放映方式中如果设置的是手动换片方式放映,那么将无法执行换片的操作,如果设置了"排练计时"的话,它会严格地按照"排练计时"时设置的时间放映,按Esc 键可退出放映。

　　(4) 控制演讲者放映。当制作演示文稿的全部工作完成以后,就可以将它放映展示给观众。有 3 种方法可以启动幻灯片的放映:

- 单击"视图切换"工具栏中的"从当前幻灯片开始幻灯片放映"按钮,可以从当前幻灯片开始放映。
- 选择"幻灯片放映"|"观看放映"命令,幻灯片从第一张开始放映。
- 选择"视图"|"幻灯片放映"命令,幻灯片从第一张开始放映。

5.2.7　演示文稿的打包与打印

1. 打包演示文稿

　　"打包"是将放映演示文稿所需的全部文件(包括当前演示文稿或其他演示文稿、链接文件及 PowerPoint 播放器)组装到一个文件并存入指定的磁盘中。打包的目的是为了在其他计算机中也能放映该演示文稿,即使其他计算机没有安装 PowerPoint 应用软件,也能顺利地放映,具体操作步骤如下。

(1) 打开要进行打包的演示文稿。

(2) 选择"文件"菜单中的"打包成 CD"命令,打开图 5-10 所示的对话框。

(3) 单击"选项"按钮,打开"选项"对话框。如果使用了特殊字体,且特别想展示出来,就需要选择"嵌入的 TrueType 字体"项。播放方式有顺序播放,选择播放等几种,可以根据需要选定。如果需要将多个演示文稿刻录到同一光盘上,可以单击"添加文件"按钮来进行添加,这些文件可以按照希望的方式播放。

(4) 在刻录机中放置一张空白刻录盘,然后单击"复制到 CD"按钮,系统出现刻录进度对话框。刻录完成后,关闭"打包成 CD"对话框即可。

(5) 单击"复制到文件夹"按钮,将打开图 5-11 所示的对话框,选择文件存放的路径及文件夹名,单击"确定"按钮即可开始打包。以后需要刻录时,将上述文件夹中所有的文件都刻录到光盘的根目录下,就可以制作出具有自动播放功能的光盘。

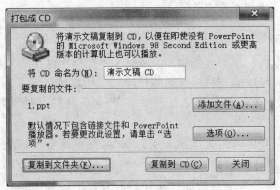

图 5-10 "打包"对话框   图 5-11 "复制到文件夹"对话框

(6) 当需要放映打包好的演示文稿时,首先打开存放打包文件的目标文件夹,将会看到其中有一个播放器文件 pptview.exe,运行该文件即可放映打包的文件。或将刻录好的光盘放入光驱,无论电脑上是否安装了 PowerPoint 程序,系统都能自动启动播放器,并按第二步的设置播放光盘上相应的演示文稿。

2. 打印演示文稿

如果需要打印演示文稿,首先应安装打印机,然后选择"文件"菜单中的"页面设置"命令,对其中的幻灯片大小及打印方向进行设置。页面设置完成后,选择"文件"菜单中的"打印"命令,在打开的"打印"对话框中,设置相应的打印选项,便可以打印演示文稿了。

5.3 案例 1——主题介绍

人们有时会向别人介绍相关主题的情况,比如学校简介、个人简介、公司简介、产品介绍、比赛项目介绍等。本案例以学校简介为例,介绍包头师范学院的相关情况,由于篇幅有限,不可能全面介绍学院的情况。只是利用 PowerPoint 简单介绍本主题的制作方法,起到抛砖引玉的作用。整体效果如图 5-12 所示。

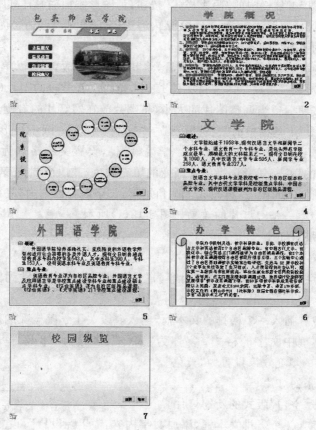

图 5-12　整体效果图

5.3.1　案例操作

1. 建立幻灯片

1)建立第一张幻灯片

(1)启动 PowerPoint 2003,打开任务窗格,选择"幻灯片版式"命令,在列表框中选择"空白"版式。

(2)选择"插入"|"文本框"|"水平"命令,在标题位置插入一个横排的文本框,输入内容"包头师范学院"。设置文本框中文字的字体为"华文行楷",字号为"60 磅",颜色为"红色",对齐方式为"水平居中"。

(3)设置文本框的填充效果:选中文本框,选择"格式"|"文本框"命令。设置单色为"黄色"、底纹样式为 4 的渐变效果。

(4)选择"绘图"工具栏中的"自选图形"|"基本形状"|"平行四边形"工具,在文本

框的下方画一个平行四边形,并添加文字内容:"博学笃行",设置格式为:华文行楷、28 磅、橘黄色、填充颜色为"白色"。

（5）单击"绘图"工具栏中的"阴影样式"按钮,为图形添加阴影样式 1。

（6）同理按照（4）的做法,再画一个文字内容为"齐志恒德"、文字颜色为"白色"、填充颜色为"橘黄色"的平行四边形。

（7）适当调整两个"平行四边形"的位置,将其并排左右放置。

（8）选择"插入"|"图片"|"来自文件"命令,选择一张学校的图片（可从学校网站下载）,单击"插入"按钮。适当调整图片的大小,将图片放在幻灯片的右侧。

（9）选择"绘图"工具栏中的"自选图形"|"基本形状"|"圆角矩形"工具,在图片的左侧画一个"圆角矩形",添加文字内容:"学院概况",设置文字格式为:楷体、28 磅、黄色。类似上面（3）的做法,任意选择一种渐变的填充颜色,并适当调整其大小。

（10）同理按照（9）的做法,再画 3 个圆角矩形,文字内容分别为"院系设置"、"办学特色"、"校园纵览"。第一张幻灯片的效果如图 5-12（1）所示。

2）建立第二张幻灯片

（1）插入一张"空白"版式的新幻灯片。

（2）插入任意一种样式的艺术字,内容为"学院概况",将其移动到标题位置,适当调整其大小。

（3）在标题位置插入一个横排的文本框,输入一段关于学院概况的内容（内容略）。

（4）设置文本框中文字的格式:字体为"宋体"、字号为"18 磅"、小标题颜色为"红色"。再将文本框的填充效果设置为"黄色"。

3）建立第三张幻灯片

（1）插入一张"空白"版式的新幻灯片。

（2）在左侧插入一个竖排文本框,添加文字内容:"学院设置",设置文字格式为:华文行楷、54 磅、文字颜色为"白色"。再将文本框的填充效果设置为"紫色"。

（3）选择"绘图"工具栏中的"椭圆"按钮,在页面的右侧画一个大的椭圆,单击绿色"旋转"按钮,旋转图形倾斜向右上方。然后选择"格式"|"自选图形"命令,打开"设置自选图形格式"对话框,在对话框中选择填充颜色为"无填充颜色"、线条颜色为"白色"、粗细为 4.5 磅的实线,单击"确定"按钮即可绘制一个白色的圆环。

（4）选择"绘图"工具栏中的"椭圆"按钮,在圆环上按住 Shift 键画一个圆形,并添加文本内容"文学院",设置文字的格式为:楷体、16 磅。按上面的做法再为圆形添加任意一种渐变的填充颜色,适当调整其大小。

（5）同理按照（4）的做法再画出 13 个圆形（因共有 14 个院系）,并分别添加相应的院系名称（名称略）。适当调整 14 个圆形的大小及位置,将它们均匀地放置在圆环上。第三张幻灯片的效果如图 5-12（3）所示。

4）建立第四张幻灯片

（1）插入一张"空白"版式的新幻灯片。

（2）在标题位置插入任意一种样式的艺术字,内容为"文学院"。适当调整其大小。

（3）在标题下面插入一个横排的文本框,输入一段关于文学院概况的内容（内容略）。

（4）设置文本框中文字的格式：字体为"宋体"、字号为"32磅"，再插入任意一种样式的项目符号。

5）建立第五张幻灯片

（1）插入一张"空白"版式的新幻灯片。

（2）在标题位置插入任意一种样式的艺术字，内容为"外国语学院"，适当调整其大小。

（3）在标题下面插入一个横排的文本框，输入一段关于外国语学院概况的内容（内容略）。

（4）设置文本框中文字的格式：字体为"宋体"、字号为"32磅"，再插入任意一种样式的项目符号。

6）建立第六张幻灯片

（1）插入一张"空白"版式的新幻灯片。

（2）在标题位置插入任意一种样式的艺术字，内容为"办学特色"，适当调整其大小。

（3）选择"自选图形"｜"星与旗帜"｜"横卷形"工具，在标题下面画一个"横卷形"图形，并向图形中输入一段关于办学特色的相关内容（内容略）。

（4）设置"横卷形"图形中文字的格式：字体为"楷体"、字号为"28磅"。

7）建立第七张幻灯片

（1）插入一张"空白"版式的新幻灯片。

（2）在标题位置插入一个横排的文本框，输入内容"校园纵览"。设置文本框中文字的格式：字体为"宋体"，字号为"66磅"，文字颜色为"绿色"，对齐方式为"水平居中"。

（3）设置文本框的填充效果为"雨后初晴"。

（4）选择"插入"｜"图片"｜"来自文件"命令，选择8张有关校园生活的图片（可从学校网站下载），单击"插入"按钮。适当调整图片的大小，将图片放在幻灯片的右侧边缘外边。

2. 设置幻灯片背景

（1）选择"格式"｜"背景"命令，使用"预设"颜色中的"雨后初晴"效果，底纹样式为3。

（2）单击"背景"对话框中的"全部应用"按钮将背景设置应用到全部幻灯片。

3. 设置幻灯片的动画效果

1）设置第一张幻灯片中各对象的动画效果

（1）选中第一张幻灯片中的"标题"对象，选择"幻灯片放映"｜"自定义动画"命令。

（2）在打开的任务窗格中，单击"添加效果"按钮，在弹出的下拉菜单中选择"进入"｜"挥鞭式"效果（可以添加其他效果）。开始：选择"之后"，速度：选择"中速"，如图5-13所示。

（3）选中左边的平行四边形，单击"添加效果"按钮，选择"进入"｜"飞入"效果（可以添加其他效果）。开始：选择"之后"，方向：选择"自左侧"，速度：选择"快速"。

（4）选中右边的平行四边形，单击"添加效果"按钮，选择"进入"｜"飞入"效果。开始：选择"之前"，方向：选择"自右侧"，速度：选择"快速"。

（5）选中右边的图片，单击"添加效果"按钮，选择"进入"｜"圆形扩展"效果。开始：选择"之后"，方向：选择"向外"，速度：选择"中速"。

（6）选中左面的第一个"学院概况"图形对象，单击"添加效果"按钮，选择"进入"｜"展开"效果。开始：选择"之后"，速度：选择"非常快"。

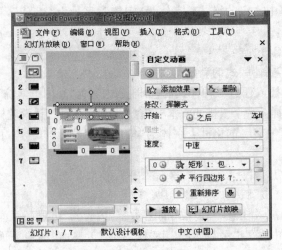

图 5-13　动画效果设置

（7）同理分别选中下面的 3 个图形对象，添加与（6）同样的动画效果。

（8）单击"播放"按钮（或按 F5 键），观看动画效果。

2）设置第二张幻灯片中各对象的动画效果

（1）选中标题位置处的"艺术字"对象，单击"添加效果"按钮，选择"进入"｜"飞入"效果。开始：选择"之后"，方向：选择"自顶部"，速度：选择"快速"。

（2）选中下面的"文本框"对象，单击"添加效果"按钮，选择"进入"｜"缩放"效果（可以添加其他效果）。开始：选择"之后"，显示比例：选择"内部"，速度：选择"中速"。

（3）单击"播放"按钮（或按 F5 键），观看动画效果。

3）设置第三张幻灯片中图片的动画效果

（1）选中左侧的"文本框"对象，单击"添加效果"按钮，选择"进入"｜"空翻"效果（可以添加其他效果）。开始：选择"之后"，速度：选择"快速"。

（2）选中右侧的"大圆环"对象，单击"添加效果"按钮，选择"进入"｜"圆形扩展"效果（可以添加其他效果）。开始：选择"之后"，方向：选择"向外"，速度：选择"慢速"。

（3）选中圆环上的任意一个"圆形"对象，单击"添加效果"按钮，选择"进入"｜"飞入"效果（可以添加其他效果）。开始：选择"之后"，方向：选择"自右侧"，速度：选择"非常快"。

（4）同理按照（3）的做法，分别选中其他 13 个圆形对象，设置与（3）相同的动画效果。（也可以将 14 个圆形对象分成上下左右 4 组对象，分 4 个不同的方向飞入）

（5）单击"播放"按钮（或按 F5 键），观看动画效果。

4）设置第四张幻灯片中各对象的动画效果

（1）选中标题位置处的"艺术字"对象，单击"添加效果"按钮，在弹出的下拉菜单中选择"进入"｜"缩放"效果（可以添加更多效果）。开始：选择"之后"，显示比例：选择"向外"，速度：选择"快速"。

（2）选中下面的"文本框"对象，单击"添加效果"按钮，在弹出的下拉菜单中选择"进入"｜"圆形扩展"效果（可以添加其他效果）。开始：选择"之后"，方向：选择"向外"，速度：选择"中速"。

（3）单击"播放"按钮（或按 F5 键），观看动画效果。

5）设置第五张幻灯片中各对象的动画效果

（1）选中标题位置处的"艺术字"对象，单击"添加效果"按钮，选择"进入"｜"中心旋转"效果（可以添加更多效果）。开始：选择"之后"，显示比例：选择"向外"，速度：选择"中速"。

（2）选中下面的"文本框"对象，单击"添加效果"按钮，选择"进入"｜"压缩"效果（可以添加更多的效果）。开始：选择"之后"，速度：选择"快速"。

（3）单击"播放"按钮（或按 F5 键），观看动画效果。

6）设置第六张幻灯片中对象的动画效果

（1）选中标题位置处的"艺术字"对象，单击"添加效果"按钮，选择"进入"｜"弹跳"效果（可以添加更多的效果）。开始：选择"之后"，速度：选择"中速"。

（2）选中下面的"横卷形"图形对象，单击"添加效果"按钮，选择"进入"｜"玩具风车"效果（可以添加其他效果）。开始：选择"之后"，速度：选择"中速"。

（3）选中"文本框"对象，单击"添加效果"按钮，选择"进入"｜"菱形"效果（可以添加其他效果）。开始：选择"之后"，方向：选择"向外"，速度：选择"中速"。

（4）单击"播放"按钮（或按 F5 键），观看动画效果。

7）设置第七张幻灯片中对象的动画效果

（1）选中标题位置处的"文本框"对象，单击"添加效果"按钮，选择"进入"｜"中心旋转"效果（可以添加其他效果）。开始：选择"之后"，速度：选择"中速"。

（2）再次选择"文本框"对象，单击"添加效果"按钮，选择"进入"｜"颜色打字机"效果。开始：选择"之后"，速度：选择"中速"。

（3）选中左边的第一张"图片"对象，单击"添加效果"按钮，选择"进入"｜"缓慢进入"效果。开始：选择"之后"，方向：选择"自右侧"，速度：选择"非常慢"。

（4）同理按照（3）的做法，分别选中其他 7 张图片，除开始：选择"之前"外，其他效果与（3）相同。注意这 7 张图片的延迟时间要分别设置为 1.5 秒、3 秒、4.5 秒、6 秒、7.5 秒、9 秒、10.5 秒。

（5）单击"播放"按钮（或按 F5 键），观看动画效果。这时可以看到 8 张图片顺序从右侧缓慢移动到左侧。

4. 设置超链接

（1）返回到第一张幻灯片，在幻灯片的下方插入一个文本框，输入包头师范学院网址：http://www.bttc.cn，选中"文本框"，选择"插入"｜"超链接"命令，在打开的对话框中选中链接到："原有文件或网页"单选按钮，在下面的地址栏中输入网址：http://www.bttc.cn，单击"确定"按钮。在放映幻灯片时，当鼠标单击超链接位置时，将会打开学院的网站。

（2）选择"幻灯片放映"｜"动作按钮"｜"自定义"命令，在幻灯片的右下角位置画一个文字为"结束"的按钮，并将按钮链接到"结束放映"。

（3）将（2）中的按钮复制粘贴到最后一张幻灯片的右下角处。当放映第一张或最后一张幻灯片时，单击按钮，将结束放映。

（4）选择第二张幻灯片，同样按照（2）的做法，在幻灯片的右下角位置画一个文字为"首页"的按钮，并将该按钮链接到第一张幻灯片上。

（5）复制（4）中的按钮，将它分别粘贴到第 3～7 张幻灯片的右下角处。这样在放映幻灯片时，当鼠标分别单击第 2～7 张中的"首页"按钮时，都将返回到第一张幻灯片中。

（6）选择第三张幻灯片中的"文学院"院系图形，将其链接到"幻灯片 4"上。

（7）选择第三张幻灯片中的"外国语学院"院系图形，将其链接到"幻灯片 5"上。

（8）同理可以做其他院系的链接，注意本案例只做了两个院系，其他院系并没有做页面和链接。

（9）选择"文件"|"另存为"命令，将文件命名为"校园简介.ppt"，保存在适当的位置。

5.3.2　知识技能点提炼

本案例涉及的知识点主要有幻灯片版式的应用、幻灯片背景效果的设置、自定义动画的设置、超链接的设置等。其中幻灯片版式的应用、自定义动画的设置，在前面 5.2 节基本操作中已经做了详细的介绍，下面就幻灯片背景效果的设置和超链接的设置做一介绍。

1. 幻灯片背景效果的设置

任何时候都可以对演示文稿中的一张、多张或全部的幻灯片设置背景效果，具体操作如下。

（1）选定要设置背景的一张或多张幻灯片，选择"格式"|"背景"命令，弹出图 5-14 所示的"背景"对话框。如果想给幻灯片填充纯色，单击"其他颜色"选项，从打开的颜色块中选择一种颜色。如果想设置其他效果，单击"背景填充"选项，弹出图 5-15 所示的"填充效果"对话框。分别选择对话框中"渐变"、"纹理"、"图案"、"图片"选项卡，即可设置相应的背景效果。然后单击"确定"按钮。

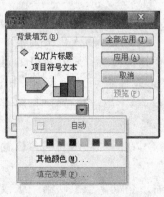

图 5-14　"背景"对话框

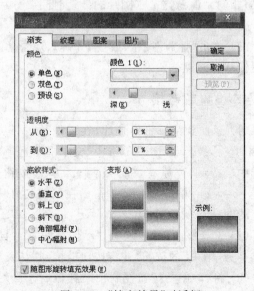

图 5-15　"填充效果"对话框

（2）如果单击"背景"对话框中的"应用"按钮，设置好的背景会应用到当前选定的幻灯片中。如果单击"全部应用"按钮，设置好的背景会应用到全部幻灯片中。

2. 创建交互式演示文稿

交互式演示文稿通过事先设置好的动作按钮或超级链接，在放映时可以跳转到指定的幻灯片上。

1）创建动作按钮

用户可以将某个动作按钮添加到演示文稿中，然后定义在放映幻灯片时如何使用它。在幻灯片中创建动作按钮的步骤如下。

（1）将要创建动作按钮的幻灯片切换为当前幻灯片。

（2）选择"幻灯片放映"|"动作按钮"命令，打开一个子菜单，在菜单中的按钮上稍作停留，显示出该按钮的名称和功能，如图 5-16 所示。

（3）在"动作按钮"子菜单中选择一项，如单击"上一张"按钮，此时鼠标变为十字状，拖动鼠标画出矩形框。

（4）当拖动到适当大小时松开鼠标，打开"动作设置"对话框，选择"单击鼠标"选项卡，如图 5-17 所示。

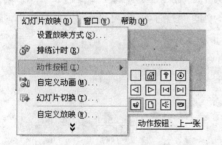

图 5-16　"动作按钮"子菜单

图 5-17　"动作设置"对话框

（5）在"单击鼠标时的动作"区域中选中"超链接到"单选按钮，并在下拉列表框中选择需要链接到的幻灯片，如选择"上一张幻灯片"。

（6）单击"确定"按钮，返回到幻灯片中。

用户可以在创建的动作按钮上右击鼠标，在打开的快捷菜单中选择"设置自选图形格式"命令，对动作按钮的效果进行设置。

2）创建超链接

用户可以利用超链接将某一段文本或图片或其他对象链接到另一张幻灯片上，也可链接到其他外部文件。在幻灯片中创建链接的步骤如下。

(1）选中要创建超链接的对象。

(2）选择"插入"|"超链接"命令,打开"插入超链接"对话框,如图 5-18 所示。

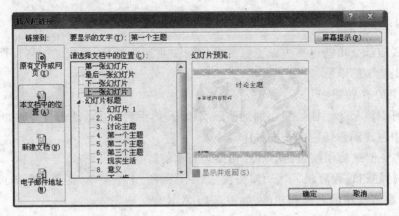

图 5-18 "插入超链接"对话框

(3）在"链接到"列表中根据需要选择相应的按钮,并在右面的提示中选择具体链接的位置。

(4）单击"确定"按钮,即可将选中的对象链接到相应的对象上。

5.4 案例 2——函数曲线的制作

在日常的生活和学习中经常会遇到画曲线的问题,本案例以数学公式(正弦函数)介绍曲线的画法,特别是通过自定义动画的设置,形象地展现了函数自变量和函数值的动态变化效果。整体效果如图 5-19 所示。

图 5-19 整体效果图

5.4.1 案例操作

1. 建立幻灯片

1）建立第一张幻灯片

(1）启动 PowerPoint 2003,打开任务窗格,选择"幻灯片版式"命令,在列表框中选择

"标题和文本"版式。

(2) 在标题占位符中输入文本"正弦函数"。设置文字的格式为：宋体、48磅、水平居中。

(3) 在文本占位符中输入下面几行文本：

- 公式：$Y＝Sin(x)$
- 自变量x的取值范围：$(-\infty,+\infty)$
- 函数Y的结果范围：$[-1,+1]$

设置文字的格式为：宋体、32磅、左对齐。第一张幻灯片的效果如图5-19(1)所示。

2) 建立第二张幻灯片

(1) 插入一张"标题和表格"版式的新幻灯片。

(2) 在标题占位符中输入"$Y＝Sin(x)$"。设置文字的格式为：宋体、44磅、水平居中。

(3) 在表格占位符中插入一个3行6列的表格。

(4) 合并第1行中第2到6列的单元格，在合并后的单元格中输入文字"取样值(一周期)"。

(5) 在第2行的单元格中依次输入"X"、"0"、"$\pi/2$"、"π"、"$3\pi/2$"、"2π"。

(6) 在第3行的单元格中依次输入"Y"、"0"、"1"、"0"、"-1"、"0"

(7) 设置表格中数据的对齐方式为"水平居中"、"垂直居中"，适当调整表格的大小和位置，最后的效果如图5-19(2)所示。

3) 建立第三张幻灯片

(1) 插入一张"只有标题"版式的新幻灯片。

(2) 在标题占位符中输入"正弦波形图(二周期)"。设置文字的格式为：宋体、44磅、水平居中。

(3) 在标题的下方绘制二维坐标系：选择"绘图"工具栏中的"自选图形"|"线条"|"箭头"命令，在文本框中绘制两条相互垂直并且交叉的箭头。在X轴的箭头处插入一个文本框，输入字符X，按照同样的方法在Y轴箭头处输入字符Y、原点处输入数字0。

(4) 使用辅助线(表格)绘制坐标轴刻度：插入一个2行8列的表格。适当调整表格的大小，并移动表格使得表格的左边线与Y轴重合，表格的第一行和第二行的分界线与X轴重合，然后使用自选图形中的直线工具，在每个与X轴和Y轴的相交处分别画出刻度标记，然后在与X轴相交的4个主要刻度下方，利用文本框分别输入字符"π"、"2π"、"3π"、"4π"，在与Y轴的两个主要刻度分别输入字符"1"和"-1"，效果如图5-20所示。

(5) 绘制正弦曲线：在"绘图"工具栏中，选择"自选图形"|"线条"|"曲线"命令，从原点开始根据高度辅助线和X轴刻度线的位置提示，绘制波形曲线。提示：每画到一个"最值"位置时单击鼠标左键，画到曲线结束处双击鼠标左键，效果如图5-21所示。

(6) 删除辅助线：选中表格按Del键删除表格，一个完整的正弦曲线波形图就制作完成了。第三张幻灯片的效果如图5-19(3)所示。

（7）选中曲线，设置线条颜色为"红色"，线型为"2.25磅"。

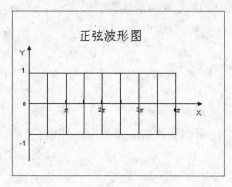

图 5-20　坐标轴格式

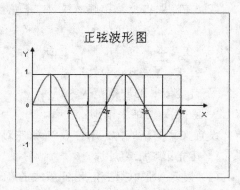

图 5-21　绘制波形图

2. 应用幻灯片设计模板

打开任务窗格，选择"幻灯片设计"命令，选择模板"诗情画意.pot"，选择"应用于所有的幻灯片"。

3. 设置幻灯片切换方式

（1）选中第一张幻灯片，打开任务窗格，选择"幻灯片切换"命令或选择"幻灯片放映"│"幻灯片切换"命令，选择"扇形展开"切换效果，"速度"为"慢速"，"声音"为"风铃"。

（2）选中第二张幻灯片，选择"圆形"切换方式，"速度"为"慢速"，"声音"为"风铃"。

（3）选中第三张幻灯片，选择"从右抽出"切换方式，"速度"为"慢速"，"声音"为"风铃"。

4. 设置幻灯片动画效果

1）设置第一张幻灯片的动画效果

（1）选中"标题"对象，选择"幻灯片放映"│"自定义动画"命令。单击"添加效果"按钮，选择"进入"│"螺旋飞入"效果。开始：选择"之后"，速度：选择"快速"。

（2）选中"文本"对象，单击"添加效果"按钮，选择"进入"│"颜色打字机"效果。开始：选择"之后"，速度：选择"非常快"。

2）设置第二张幻灯片的动画效果

（1）选中"标题"对象，单击"添加效果"按钮，选择"进入"│"挥舞"效果。开始：选择"之后"，速度：选择"快速"。

（2）选中"表格"对象，单击"添加效果"按钮，选择"进入"│"向内溶解"效果。开始：选择"之后"，速度：选择"快速"。

3）设置第三张幻灯片的动画效果

（1）选中"标题"对象，单击"添加效果"按钮，选择"进入"│"旋转"效果。开始：选择"之后"，方向：选择"水平"，速度：选择"中速"。

（2）选中"正弦曲线"对象，单击"添加效果"按钮，选择"进入"│"擦除"效果。开始：

　　　　计算机应用基础案例教程

选择"之后",方向：选择"自左侧"，速度：选择"非常慢"。

（3）单击"播放"按钮（或按 F5 键），观看动画效果。

（4）选择"文件"|"另存为"命令，将文件命名为"正弦函数.ppt"，保存在适当的位置。

5.4.2　知识技能点提炼

本案例涉及的知识点主要有幻灯片版式的选择、设计模板的应用、表格的绘制、自选图形中曲线的画法、自定义动画的设置、页面的切换效果等。其中幻灯片版式的选择、表格的绘制、自选图形中曲线的画法、自定义动画的设置、页面的切换效果在前面已经做了介绍，下面就设计模板的应用做一介绍。

设计模板决定了幻灯片的主要外观，包括背景、预制的配色方案、背景图形等。在应用设计模板的时候，系统会自动对当前幻灯片或全部幻灯片应用设计模板。设计模板中提供的各种模板只能改变幻灯片中的文字样式、背景等外观，但不会更改幻灯片中的文字内容。为演示文稿应用设计模板的步骤如下：

（1）选择"格式"|"幻灯片设计"命令，打开"幻灯片设计"任务窗格。

（2）在任务窗格的下拉列表中，用鼠标指向要应用的设计模板项，此时在选项右侧出现一个下三角按钮，单击按钮打开菜单，如图 5-22 所示。

图 5-22　应用设计模板列表

（3）在菜单中根据需要选择相应的命令，如选择"应用于所有幻灯片"命令则该设计模板被应用到演示文稿所有的幻灯片中，如选择"应用于选定幻灯片"命令则该设计模板被应用到当前幻灯片上。

5.5　案例 3——课件的制作

制作课件是教师们经常要做的工作。本案例所做的课件,通过幻灯片母版设置超级链接,可形象自如地链接到各个小节。本案例所做的课件是关于"计算机基础知识"的第一讲,并不是一个完整的课件,在第一讲中的每一节都象征性地各制作了一张幻灯片,以后在应用中可以根据具体的情况为每一节添加若干张幻灯片,整体效果如图 5-23 所示。

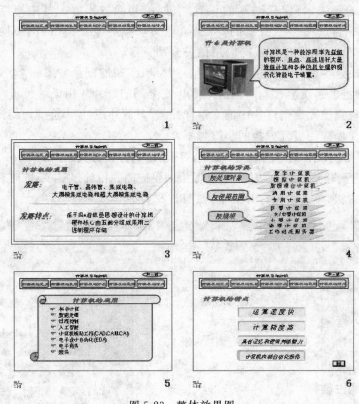

图 5-23　整体效果图

5.5.1　案例操作

1. 建立幻灯片

1) 幻灯片母版的创建

(1) 启动 PowerPoint 2003,打开任务窗格,选择"幻灯片版式"中的"空白"版式。

(2) 选择"视图"|"母版"|"幻灯片母版"命令,打开幻灯片母版页面。先将此页面的上下几个文本框删除,然后在页面的最上端插入一个文本框,并添加文本内容:"计算机基础知识",将文本框放置在正中位置,设置文本内容的格式为:隶书、32 磅。

（3）选择"绘图"工具栏中的"自选图形"|"基本形状"|"椭圆"在文本框的右面画一个小椭圆，添加文本内容为"第一讲"，设置文本框的格式为填充颜色：绿色；字体格式：白色、隶书、28磅。

（4）选择"绘图"工具栏中的"矩形"按钮，在上一个文本框的下面画一个长条矩形，设置长条矩形的填充颜色为粉色。

（5）选择"绘图"工具栏中的"自选图形"|"基本形状"|"圆角矩形"在长条矩形上画一个圆角矩形，输入内容为："计算机的定义"。设置"圆角矩形"的填充颜色为"青色"的"渐变"颜色。设置文本框中文字的格式为红色、隶书、32磅，适当调整其位置。

（6）同样按照（5）的做法，再分别制作出"计算机的发展"、"计算机的分类"、"计算机的应用"、"计算机的特点"4个圆角矩形（也可利用复制、粘贴的方法来完成），适当调整其位置。制作完成后单击"关闭母版视图"按钮，幻灯片母版就制作完成了，效果如图5-23(1)所示。

2）建立第二张幻灯片

（1）插入一张"只有标题"版式的新幻灯片。

（2）在标题占位符中输入内容"什么是计算机"，设置格式为隶书、55磅、红色，适当调整其位置。

（3）选择"插入"|"图片"|"来自文件"命令，选择一幅计算机外观的图片，单击"插入"按钮。适当调整图片的大小，将图片放在幻灯片的左下方。

（4）选择"绘图"工具栏中的"自选图形"|"标注"|"圆角矩形标注"工具，在本页的右侧画一个"圆角矩形标注"图形，并添加文本内容"计算机是一种能按照事先存储的程序，自动、高速进行大量数值计算和各种信息处理的现代化智能电子装置"，设置格式为宋体、44磅、加粗。并为"圆角矩形标注"图形设置"黄色"的填充颜色（也可任选一种颜色），单击"确定"按钮即可。适当调整其位置，并将标注指向左面的图片。第二张幻灯片的整体效果如图5-23(2)所示。

3）建立第三张幻灯片

（1）插入一张"只有标题"版式的新幻灯片。

（2）在标题占位符中输入内容"计算机的发展"，设置格式为隶书、55磅、红色，适当调整其位置。

（3）参照案例再播入一个文本框，输入内容"发展"，设置格式为宋体、52磅、蓝色，适当调整其位置。

（4）同样按照（3）的做法，再制作一个文本内容为"发展特点"的文本框，其格式同（3）。

（5）选择"绘图"工具栏中的"自选图形"|"基本形状"|"平行四边形"工具，在本页的右上方画一个平行四边形，并添加文本内容："电子管、晶体管、集成电路、大规模集成电路和超大规模集成电路"。为图形设置填充颜色为灰色（也可任选一种颜色），设置文本格式为宋体、44磅、加粗，适当调整其位置。

（6）同样按照（5）的做法，在右下方再制作一个文本内容为"基于冯·若依曼思想设计的计算机硬件核心由5部分组成，采用二进制程序存储"的图形，其格式同（5）。第三张幻灯片的整体效果如图5-23(3)所示。

4）建立第四张幻灯片

（1）插入一张"只有标题"版式的新幻灯片。

（2）在标题占位符中添加文本内容"计算机的分类"，设置格式为隶书、55 磅、红色，适当调整其位置。

（3）选择"绘图"工具栏中的"自选图形"｜"基本形状"｜"平行四边形"工具，在本页的右上方分别画 3 个平行四边形，分别添加文本内容"数字计算机"、"模拟计算机"、"数模混合计算机"。分别设置文本的格式为宋体、44 磅、加粗。将 3 个图形同时选中（按住Ctrl 键），再单击右键选择"组合"命令。选择组合后的图形设置填充颜色为"黄色"（可任选一种颜色），适当调整其大小和位置。

（4）同样按照（3）的做法，在右下方再制作两组"平行四边形"图形，一组画两个平行四边形，其文本内容分别为"通用计算机"、"专用计算机"；另一组画五个平行四边形，其文本内容分别为"巨型计算机"、"大/中型计算机"、"小型计算机"、"微型计算机"、"工作站和服务器"，按照（5）的做法分别将两组图形进行组合，其填充颜色分别设置为"绿色"、"淡紫色"，其他格式同（5）。

（5）选择"绘图"工具栏中的"自选图形"｜"标注"｜"圆角矩形标注"工具，在本页的左侧画一个"圆角矩形标注"图形，添加文本内容："按处理对象"，设置文本格式为：宋体、44 磅、加粗、蓝色。为图形设置填充颜色为黄色（可任选一种颜色），适当调整其位置。单击标注指向，将标注指向右侧的第一组图形。

（6）同样按照（5）的做法，在上图的下面再分别画出两个"圆角矩形标注"图形，文本内容分别为"按使用范围"、"按规模"，其填充颜色分别为"绿色"、"淡紫色"。其他格式同（5）。单击标注指向，将标注分别指向第二组、第三组图形。第四张幻灯片的整体效果如图 5-23（4）所示。

5）建立第五张幻灯片

（1）插入一张"只有标题"版式的新幻灯片。

（2）选择"绘图"工具栏中的"自选图形"｜"星与旗帜"｜"横卷形"工具，在本页的正中位置画一个"横卷形"图形，输入内容"科学计算、数据处理、过程控制、人工智能、计算机辅助工程（CAD/CAM/CAI）、电子设计自动化（EDA）、电子商务、娱乐"，并为文本添加一种项目符号，设置文本的格式为宋体、36 磅、加粗。为"横卷形"图形设置填充颜色为浅蓝色（可任选一种颜色），适当调整其位置和大小。

（3）在标题占位符中添加文本内容"计算机的应用"，设置文本的格式为隶书、55 磅、红色，并将"标题"移动到"横卷形"的上边框处。第五张幻灯片的整体效果如图 5-23（5）所示。

6）建立第六张幻灯片

（1）插入一张"只有标题"版式的新幻灯片。

（2）在标题占位符中输入内容"计算机的特点"，设置文本格式为隶书、55 磅、红色，适当调整其位置。

（3）选择"绘图"工具栏中的"矩形"按钮，在本页的正中位置分别画 4 个"矩形"图形，并分别添加文本内容"运算速度快"、"计算精度高"、"具有记忆和逻辑判断能力"、"计算机内部自动化操作"。设置文本的格式为宋体、46 磅、加粗。将 4 个图形进行"组合"，然后为组合后的图形设置填充颜色为浅蓝色(可任选一种颜色),再为其设置"阴影样式1",适当调整其大小和位置。第六张幻灯片的整体效果如图 5-23(6)所示。

2. 设置动画效果

1) 设置第二张幻灯片的动画效果

(1) 选中"什么是计算机"文本框对象,选择"幻灯片放映"|"自定义动画"命令。

(2) 单击"添加效果"按钮,在弹出的下拉菜单中选择"进入"|"擦除"效果(可以添加其他效果)。开始:选择"之前";方向:选择"自左侧";速度:选择"中速"。

(3) 选中下边的图片对象,单击"添加效果"按钮,选择"进入"|"向内溶解"效果(可以添加其他效果)。开始:选择"之后";速度:选择"快速"。

(4) 选中右边的圆角矩形对象,单击"添加效果"按钮,选择"进入"|"螺旋飞入"效果(可以添加其他效果)。开始:选择"之后";速度:选择"快速"。

(5) 单击"播放"按钮(或按 F5 键),观看动画效果。

2) 设置第三张幻灯片的动画效果

(1) 选中"计算机的发展"文本框对象,单击"添加效果"按钮,选择"进入"|"擦除"效果。开始:选择"之前";方向:选择"自左侧";速度:选择"中速"。

(2) 选中"发展"文本框对象,单击"添加效果"按钮,选择"进入"|"飞入"效果。开始:选择"之后";方向:选择"自左侧";速度:选择"快速"。

(3) 选中右边的第一个平行四边形对象,单击"添加效果"按钮,选择"进入"|"飞入"效果。开始:选择"之后";方向:选择"自右侧";速度:选择"快速"。

(4) 选中"发展特点"文本框对象,单击"添加效果"按钮,选择"进入"|"飞入"效果。开始:选择"之后";方向:选择"自左侧";速度:选择"快速"。

(5) 选中右边的第二个平行四边形对象,单击"添加效果"按钮,选择"进入"|"飞入"效果。开始:选择"之后";方向:选择"自右侧";速度:选择"快速"。

(6) 单击"播放"按钮(或按 F5 键),观看动画效果。

3) 设置第四张幻灯片的动画效果

(1) 选中"计算机的分类"文本框对象,单击"添加效果"按钮,选择"进入"|"擦除"效果(可以添加其他效果)。开始:选择"之前";方向:选择"自左侧";速度:选择"中速"。

(2) 选中"按处理对象"圆角矩形标注图形对象,单击"添加效果"按钮,选择"进入"|"伸展"效果。开始:选择"之后";方向:选择"自左侧";速度:选择"快速"。

(3) 选中右边的第一组平行四边形对象,单击"添加效果"按钮,选择"进入"|"随机效果"效果。开始:选择"之后"。

(4) 选中"按使用范围"圆角矩形标注图形对象,单击"添加效果"按钮,选择"进入"|"伸展"效果。开始:选择"之后";方向:选择"自左侧";速度:选择"快速"。

(5) 选中右边的第二组平行四边形对象,单击"添加效果"按钮,选择"进入"|"随机效果"效果。开始:选择"之后"。

(6) 选中"按规模"圆角矩形标注图形对象,单击"添加效果"按钮,选择"进入"|"伸展"效果。开始:选择"之后";方向:选择"自左侧";速度:选择"快速"。

（7）选中右边的第三组平行四边形对象，单击"添加效果"按钮，选择"进入"｜"随机效果"效果。开始：选择"之后"。

（8）单击"播放"按钮（或按 F5 键），观看动画效果。

4）设置第五张幻灯片的动画效果

（1）选中"计算机的应用"文本框对象，单击"添加效果"按钮，选择"进入"｜"擦除"效果（可以添加其他效果）。开始：选择"之前"；方向：选择"自左侧"；速度：选择"中速"。

（2）选中"横卷形"图形对象，单击"添加效果"按钮，选择"进入"｜"伸展"效果。开始：选择"之后"；方向：选择"自顶侧"；速度：选择"中速"。

（3）选中"科学计算"文本对象，单击"添加效果"按钮，选择"进入"｜"擦除"效果。开始：选择"之后"；方向：选择"自左侧"；速度：选择"快速"。

（4）依次选中下面的 7 个文本对象，按照（3）的做法，分别设置相同的动画效果。

（5）单击"播放"按钮（或按 F5 键），观看动画效果。

5）设置第六张幻灯片的动画效果

（1）选中"计算机的特点"文本框对象，单击"添加效果"按钮，选择"进入"｜"擦除"效果（可以添加其他效果）。开始：选择"之前"；方向：选择"自左侧"；速度：选择"中速"。

（2）选中"运算速度快"文本对象，单击"添加效果"按钮，选择"进入"｜"随机"效果。开始：选择"之后"。

（3）依次选中下面的 3 个文本对象，按照（2）的做法，分别设置相同的动画效果。

（4）单击"播放"按钮（或按 F5 键），观看动画效果。

3．设置超链接

（1）选中第一张幻灯片，选择"视图"｜"母版"｜"幻灯片母版"命令，打开幻灯片母版页面。

（2）选中"计算机的定义"文本框，单击工具栏中的"插入超链接"按钮或选择"插入"｜"超链接"命令，在打开的"插入超链接"对话框中的"链接到："列表中选择"本文档中的位置"，在"请选择文档中的位置："列表框中选择第二张"什么是计算机"选项，单击"确定"按钮。

（3）按照（2）的做法，将"计算机的发展"文本框对象链接到第三张幻灯片上。

（4）将"计算机的分类"文本框对象链接到第四张幻灯片上。

（5）将"计算机的应用"文本框对象链接到第五张幻灯片上。

（6）将"计算机的特点"文本框对象链接到第六张幻灯片上。

（7）按 F5 键或选择"幻灯片放映"｜"观看放映"命令播放幻灯片，播放开始后用鼠标单击超链接对象，即可播放相应的幻灯片。

（8）选择"文件"｜"另存为"命令，将文件命名为"课件.ppt"，保存在适当的位置。

5.5.2　知识技能点提炼

本案例涉及的知识点主要有幻灯片母版的应用、自定义动画的设置、超级链接的设置、自选图形的应用等。其中自定义动画的设置、超级链接的设置、自选图形的应用在前面已经做过详细的介绍,下面就幻灯片母版的应用做一介绍。

母版可以统一幻灯片的格式及外观。如果用户想要在演示文稿的每一张幻灯片上显示相同的图片、文本和特殊的格式,就可以向该母版中添加和设置相应的内容。

选择"视图"│"母版"命令,其下有 3 个子菜单,分别是"幻灯片母版"、"讲义母版"、"备注母版"。其中:"幻灯片母版"用于控制在幻灯片上输入的标题和文本的格式和位置;"讲义母版"用于添加或修改幻灯片在讲义视图中每页讲义上出现的页眉和页脚信息;"备注母版"用于控制备注页的版式以及备注文字的格式。

在实际应用中,经常需要修改幻灯片母版,修改幻灯片母版的操作步骤如下:

(1) 选择"视图"│"母版"│"幻灯片母版"命令,打开母版编辑区域。根据需要修改母版中的各个区域,主要包括以下几种。

① 编辑母版的各种区域。例如:更改区域位置、大小,删除区域等。

② 设置母版的文本属性。例如:修改字体、大小、颜色等。

③ 设置母版的项目符号和编号。

④ 向母版中插入各种对象。

(2) 修改完成后,单击"关闭母版视图"按钮。

5.6 案例 4——贺卡的制作

在互联网不断发展的今天,电子贺卡已经成为大家逢年过节时相互祝福的一种形式,以往在网络中使用的电子贺卡主要是由 Flash 制作的。而使用 PowerPoint 也可制作出极具个性、动感十足的电子贺卡。本案例就使用 PowerPoint 2003 制作一个新春贺卡,整体效果如图 5-24 所示。

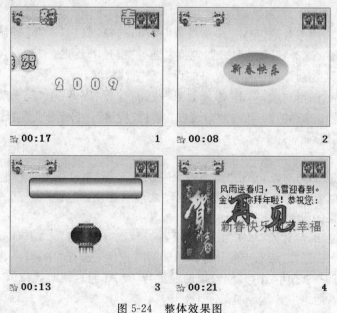

图 5-24　整体效果图

5.6.1 案例操作

1. 幻灯片的建立及动画效果的设置

1) 幻灯片母版的创建

(1) 启动 PowerPoint 2003,打开任务窗格,选择"幻灯片版式"中的"空白"版式。

(2) 选择"视图"|"母版"|"幻灯片母版"命令,打开幻灯片母版页面。先将此页面的上下两个文本框删除,然后选择"插入"|"图片"|"来自文件"命令,选择两张图片(有关贺新春方面),单击"插入"按钮。将两张图片分别移动到幻灯片的左上角及右上角,单击"关闭母版视图"按钮。

2) 建立第一张幻灯片

(1) 选择"绘图"工具栏中的"椭圆"按钮,按住 Shift 键在页面上画一个圆形,输入文字"恭",并设置格式为华文彩云、72 磅,设置填充颜色为茶色。再复制一个圆形,将上面的文字改成"贺",适当调整其位置,将两个圆形移动到幻灯片的左侧边缘处。

(2) 在页面上插入一个文本框,添加文字"新",设置文字的格式为华文彩云、80 磅、红色。同理再复制一个文字为"春"的文本框,适当调整其位置,将两个文本框移动到幻灯片上边缘的左右两处。

(3) 再插入一个横排文本框,添加文字"2009",设置文字的格式为华文彩云、80 磅、浅蓝色,适当调整其位置,将文本框移动到幻灯片的中部靠下位置。

3) 设置第一张幻灯片的动画效果

(1) 选中"贺"图形对象,打开任务窗格,选择"自定义动画"命令。

(2) 单击"添加效果"按钮,在弹出的下拉菜单中选择"进入"|"弹跳"效果。开始:选择"之前";速度:选择"中速";延迟:选择"2 秒"。再选中"恭"图形对象,并设置与"贺"同样的动画效果。

(3) 选中"贺"图形对象,单击"添加效果"按钮,选择"强调"|"陀螺旋"效果。开始:选择"之后";数量:选择"720 顺时针";速度:选择"慢速";延迟:2 秒。再选中"恭"图形对象,开始:选择"之前",其他动画效果的设置与"贺"相同。

(4) 选中"贺"图形对象,单击"添加效果"按钮,选择"强调"|"陀螺旋"效果。开始:选择"之前";数量:选择"720 顺时针";速度:选择"慢速"。再选中"恭"图形对象,动画效果的设置与"贺"相同。

(5) 重复(4)再做一遍。

(6) 选中"贺"图形对象,单击"添加效果"按钮,选择"动作路径"|"向右"效果,适当调整路径的长度(参见图 5-25)。开始:选择"之前";速度:选择"慢速"。再选中"恭"图形对象,动画效果的设置与"贺"相同。

(7) 选中"贺"图形对象,单击"添加效果"按钮,选择"强调"|"其他效果"|"更改字号"效果。开始:选择"之后";字号:选择"150%";速度:选择"中速"。再选中"恭"图形对象,除"开始"选择"之前"外,其他效果的设置与"贺"相同。到此,"恭"、"贺"两字的动画效果设置完成。

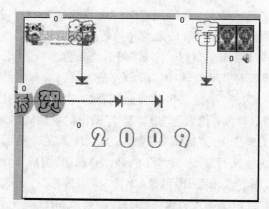

图 5-25   第一张幻灯片设置效果图

（8）选中"新"文本框对象，单击"添加效果"按钮，选择"进入"｜"其他效果"｜"下降"效果。开始：选择"之后"；速度：选择"非常快"。再选中"春"文本框对象，除"开始"选择"之前"外，其他效果的设置与"新"相同。

（9）选中"新"文本框对象，单击"添加效果"按钮，选择"动作路径"｜"向下"效果，适当调整路径的长度（参见图 5-25）。开始：选择"之后"；速度：选择"快速"。再选中"春"图形对象，除"开始"选择"之前"外，其他效果的设置与"新"相同。

（10）选中"新"文本框对象，单击"添加效果"按钮，选择"强调"｜"放大/缩小"效果。开始：选择"之后"；尺寸：选择"150％"；速度：选择"中速"。再选中"春"文本框对象，除"开始"选择"之前"外，其他效果的设置与"新"相同。

（11）选中"新"文本框对象，单击"添加效果"按钮，选择"强调"｜"其他效果"｜"更改字号"效果。开始：选择"之后"；字号：选择"150％"；速度：选择"中速"。再选中"春"文本框对象，除"开始"选择"之前"外，其他效果的设置与"新"相同。到此，"新"、"春"两字的动画效果设置完成。

（12）选中"2009"文本框对象，单击"添加效果"按钮，选择"进入"｜"螺旋飞入"效果。开始：选择"之后"；速度：选择"中速"。第一张幻灯片的设置效果如图 5-25 所示。

（13）单击"播放"按钮（或按 F5 键），观看动画效果。当放映时，"恭"、"贺"两字同时从左面旋转进入，"新"、"春"两字随后从上面同时向下切入。

4）建立第二张幻灯片

（1）插入一张"空白"版式的新幻灯片。

（2）选择"绘图"工具栏中的"自选图形"｜"星与旗帜"｜"爆炸型 1"工具。在页面上画一个图形，给图形填充任意一种颜色。选中"爆炸型 1"图形对象，打开任务窗格，选择"添加效果"｜"动作路径"｜"绘制自定义路径"｜"曲线"命令，从"爆炸型 1"图形对象上开始画一曲线路径（曲线的走向如图 5-26 所示）。开始：选择"之后"；速度：选择"中速"。再复制出 3 个"爆炸型"图形，对复制出的 3 个图形分别各填充一种颜色，再将 3 个图形的曲线路径走向进行一下修改（可右击路径线，选择"编辑顶点"命令进行修改）。然后分别将 3 个图形的"开始"选择为"之前"。

（3）选择"绘图"工具栏中的"自选图形"｜"星与旗帜"｜"十字星"工具。同样按照（2）的做法，制作 4 个"十字星"图形，添加相同的动画效果，开始：选择"之前"。适当调整 8 个图形的位置，最好将"爆炸型"与"十字星"图形交叉放置。

（4）选中"爆炸型 1"图形对象，单击"添加效果"按钮，选择"强调"｜"闪动"效果。开始：选择"之前"；速度：选择"非常快"；重复：选择"5 次"。再分别选中其他 3 个"爆炸型"和 4 个"十字星"图形对象，设置与"爆炸型 1"图形对象相同的动画效果。

（5）选择"绘图"工具栏中的"椭圆"按钮，在页面上画一个椭圆，并添加文字"新春快乐"，设置文字的格式为华文行楷、60 磅、红色，再为"椭圆"图形添加"预设"中"薄雾浓云"的背景效果。再选中"新春快乐"图形对象，单击"添加效果"按钮，选择"进入"｜"向内溶解"效果。开始：选择"之前"；速度：选择"快速"。效果如图 5-26 所示。

（6）再选中"爆炸型 1"图形对象，单击"添加效果"按钮，选择"退出"｜"向外溶解"效果。开始：选择"之后"；速度：选择"非常快"；重复：选择"2 次"。再分别选中其他 3 个"爆炸型"和 4 个"十字星"图形对象，将它们分别设置与"爆炸型 1"图形对象相同的动画效果，只是要将"开始"选择为"之前"。

（7）选中"新春快乐"图形对象，单击"添加效果"按钮，选择"进入"｜"颜色打字机"效果。开始：选择"之后"；速度：选择"快速"。

（8）最后再将"新春快乐"图形对象移动到中间的位置覆盖住前面的 8 个图形对象，效果如图 5-27 所示。

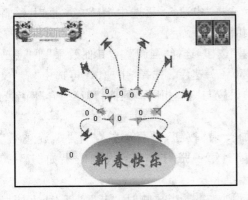

图 5-26　第二张幻灯片设置效果图

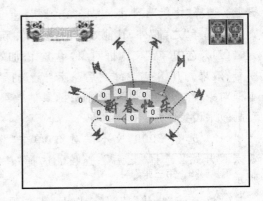

图 5-27　第二张幻灯片效果图

（9）单击"播放"按钮（或按 F5 键），观看动画效果。当放映时"新春快乐"图形对象周围模拟礼花绽放的动画效果。

5）建立第三张幻灯片

（1）插入一张"空白"版式的新幻灯片。

（2）选择"绘图"工具栏中的"自选图形"｜"基本形状"｜"圆角矩形"工具。在页面上端画一个圆角矩形。并为"椭圆"图形填充"黄色"的渐变效果（可选择其他颜色），适当调整其大小和位置。选中"圆角矩形"图形对象，打开任务窗格，单击"添加效果"按钮，选择"进入"｜"伸展"效果。开始：选择"之后"；方向：选择"跨越"；速度：选择"中速"。

　计算机应用基础案例教程

（3）在页面上插入4个文本框，并分别添加文字"万"、"事"、"如"、"意"，设置文字的格式为华文行楷、72磅、红色。

（4）将"万"文本框对象移到中间位置，选中"万"文本框对象，单击"添加效果"按钮，选择"动作路径"｜"绘制自定义路径"｜"直线"命令，从"万"对象上开始画一斜向上的直线路径到上面的文本框上。开始：选择"之后"；速度：选择"快速"。同理将其他3个字做同样的效果设置，效果如图5-28所示。

（5）选中"万"文本框对象，单击"添加效果"按钮，选择"进入"｜"旋转"效果。开始：选择"之后"；方向：选择"垂直"；速度：选择"慢速"。同理将其他3个字做同样的效果设置，开始：选择"之前"。

（6）选中"圆角矩形"图形对象，单击"添加效果"按钮，选择"强调"｜"补色2"效果。开始：选择"之前"；速度：选择"中速"。

（7）再选中"万"文本框对象，单击"添加效果"按钮，选择"强调"｜"补色2"效果。开始：选择"之后"；速度：选择"慢速"。同理将其他3个字做同样的效果设置，开始：选择"之前"。

（8）选择"插入"｜"图片"｜"来自文件"命令，选择一张"灯笼"图片，单击"插入"按钮。适当调整图片的大小，将图片移动到4个文本框的上面覆盖住4个文本框。第三张幻灯片的整体效果如图5-29所示。

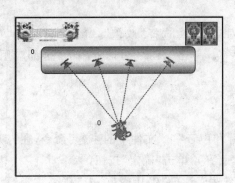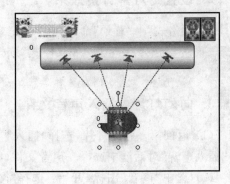

图5-28　第三张幻灯片设置效果图　　　　图5-29　第三张幻灯片整体效果图

6）建立第四张幻灯片

（1）插入一张"空白"版式的新幻灯片。

（2）在幻灯片的左侧插入一张"贺春"的图片，适当调整图片的大小。选中图片，单击"添加效果"按钮，选择"进入"｜"向内溶解"效果。开始：选择"之后"；速度：选择"中速"。

（3）在页面右上端插入一个文本框，添加文字"风雨送春归，飞雪迎春到。金牛给你拜年啦！恭祝您："，设置文字的格式为华文隶书、40磅，适当调整其位置。选中文本框，单击"添加效果"按钮，选择"进入"｜"颜色打字机"效果。开始：选择"之后"；速度：选择"非常快"。

（4）在上一文本框的下面再插入一个文本框，并添加文字"新春快乐阖家幸福"，设置文字的格式为华文隶书、60磅、红色，适当调整其位置。选中文本框，单击"添加效果"按

钮,选择"进入"|"挥舞"效果。开始:选择"之后";速度:选择"快速"。

(5)选中"风雨送春归……"文本框,单击"添加效果"按钮,选择"退出"|"玩具风车"效果。开始:选择"之后";速度:选择"中速"。

(6)选中"新春快乐阖家幸福"文本框,单击"添加效果"按钮,选择"退出"|"玩具风车"效果。开始:选择"之前";速度:选择"中速"。

(7)选中图片对象,单击"添加效果"按钮,选择"退出"|"向外溶解"效果。开始:选择"之后";速度:选择"非常快"。

(8)再插入艺术字"再见",文字格式设为华文行楷、60磅、红色,艺术字形状设为"波形1",参照案例适当调整其位置。选中艺术字,单击"添加效果"按钮,选择"进入"|"螺旋飞入"效果。开始:选择"之后";速度:选择"快速"。再单击"添加效果"按钮,选择"退出"|"玩具风车"效果。开始:选择"之后";速度:选择"中速"。第四张幻灯片的整体效果如图5-30所示。

图5-30 第四张幻灯片整体效果图

2. 设置幻灯片背景效果

选择"格式"|"背景"命令,在"填充效果"对话框中,选择"双色","颜色1"选择"黄色";"颜色2"选择"茶色","底纹样式"选择"水平"。单击"背景"对话框中的"全部应用"按钮。

3. 向幻灯片中插入声音文件

(1)返回第一张幻灯片,选择"插入"|"影片和声音"|"文件中的声音"命令,在打开的"插入声音"对话框中选择一声音文件(有关贺新春),单击"确定"按钮。

(2)选中"声音"图标,开始:选择"之前",效果:选择"停止播放"|"在第4张幻灯片后"。

(3)调整声音播放的顺序:将"声音"对象从效果栏中移动到最前面。

4. 设置排列计时

返回第一张幻灯片,选择"幻灯片放映"|"排列计时"命令,即可从第一张开始放映幻灯片,当一张幻灯片上的效果完成后,即可单击鼠标左键放映下一张幻灯片,直到全部的幻灯片放映完毕,单击"是"按钮后,就可保存排练计时时间,以后再放映幻灯片时即可自动播放,就不需要人工干预了。

5. 保存

选择"文件"|"另存为"命令,将文件命名为"贺卡.ppt",保存在适当的位置。

5.6.2　知识技能点提炼

本案例涉及的知识点主要有幻灯片母版的应用、自定义动画的设置、自选图形的应用、插入多媒体对象、设置放映时间等。其中幻灯片母版的应用、自定义动画的设置、自选图形的应用在前面已经做过详细的介绍，下面就插入多媒体对象、设置放映时间做一介绍。

1.　插入多媒体对象

为加强演示效果，还可以在幻灯片中插入声音或视频文件等多媒体对象，可以制作声色俱佳的幻灯片。

1）插入影片

插入文件中的影片的步骤如下。

（1）切换要插入影片的幻灯片为当前幻灯片。

（2）选择"插入"｜"影片和声音"｜"文件中的影片"命令，打开"插入影片"对话框。

（3）在文件列表框中找到要插入的影片文件，单击"确定"按钮，打开提示选择影片的播放方式，根据需要单击"是"或者"否"按钮。

2）插入声音

插入文件中的声音的步骤如下。

（1）切换要插入声音的幻灯片为当前幻灯片。

（2）选择"插入"｜"影片和声音"｜"文件中的声音"命令，打开"插入声音"对话框。

（3）在文件列表框中找到要插入的声音文件，单击"确定"按钮，打开提示选择声音的播放方式，根据需要单击"是"或者"否"按钮。

（4）插入声音后会在幻灯片上出现一个声音图标。

2.　设置放映时间

在放映幻灯片时可以为幻灯片设置放映的时间间隔，这样可以实现幻灯片自动放映的效果。用户可以手工设置幻灯片的放映时间也可以使用排练计时功能进行设置。

1）人工设置播放时间

如果要人工设置幻灯片放映的时间间隔，首先选定幻灯片，然后在"幻灯片切换"任务窗格的"换片方式"区域中选中"每隔"复选框，然后输入希望幻灯片在屏幕上出现的秒数。如果要将此时间应用到所有的幻灯片上，单击"应用于所有幻灯片"按钮，否则设置的效果将只应用于选定的幻灯片中。设置了播放时间之后，在幻灯片浏览视图中相应的幻灯片下方将显示播放时间。

2）使用排练计时

如果用户对自行决定幻灯片放映时间没有把握，可以利用排练计时功能设置。使用排练计时设置幻灯片放映时间的步骤如下。

（1）选择"幻灯片放映"｜"排练计时"命令，系统以全屏幕方式播放，并弹出"预演"工具栏,如图 5-31 所示。

(2) 在"预演"工具栏中的文本框中,将显示当前幻灯片的放映时间。

(3) 如果要播放下一张幻灯片,单击"预演"工具栏中的"下一项"按钮,或单击鼠标,这时文本框中显示重新计时。

(4) 如果对当前幻灯片的播放时间不满意,可以单击"重复"按钮,重新计时。

(5) 如果要暂停计时,单击"预演"工具栏中的"暂停"按钮。

(6) 放映到最后一张幻灯片时,系统会显示总共放映的时间,并询问是否要使用新定义的时间,如图 5-32 所示。单击"是"按钮,接受该项时间,或者单击"否"按钮,重试一次。

图 5-31 "预演"工具栏

图 5-32 系统询问是否使用新定义的时间

5.7 知识扩展——幻灯片的配色方案

配色方案是控制幻灯片中各个对象色彩的一组颜色的集合,通常由 8 种颜色组成,这 8 种颜色分别用于背景、文本和线条、阴影、标题文本、填充、强调、强调文字和超链接、强调文字和尾随超链。这些颜色的合理搭配,可使演示文稿更加清晰美观、令人赏心悦目。在制作幻灯片时,应根据不同的情况使用不同的配色方案。一个配色方案可以应用到演示文稿中所有的幻灯片,也可以应用在某张特定的幻灯片上。

1) 应用配色方案

在幻灯片中应用配色方案的步骤如下。

(1) 选择"格式"|"幻灯片设计"命令,打开"幻灯片设计"任务窗格。

(2) 单击"配色方案"选项,在任务窗格中会列出"配色方案"列表。

(3) 将鼠标指向一种配色方案,在配色方案的右侧出现一个下三角按钮,单击该按钮打开菜单。

(4) 在菜单中根据需要选择相应的命令,如选择"应用于所有幻灯片"命令则该配色方案被应用到演示文稿所有的幻灯片中,如选择"应用于选定幻灯片"命令则该配色方案被应用到当前幻灯片上。如果选择"显示大型预览"命令,则在"幻灯片设计"任务窗格中将会以较大的图示预览配色方案的效果。

2) 自定义配色方案

系统提供的配色方案中对各基本颜色都给出了默认的演示,如果用户对系统提供的配色方案不满意可以自定义配色方案。自定义配色方案的步骤如下。

(1) 单击任务窗格下方的"编辑配色方案"选项,打开"编辑配色方案"对话框,选择"自定义"选项卡,如图 5-33 所示。

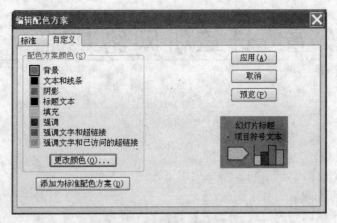

图 5-33 "编辑配色方案"对话框

（2）在对话框的"配色方案颜色"列表中选择需要修改颜色的某一区域，单击"更改颜色"按钮，在打开的"颜色"对话框中选择一种颜色。

（3）对各区域需要修改的颜色都修改完毕后，单击"应用"按钮，则自定义的配色方案被应用到演示文稿所有的幻灯片中。

本 章 小 结

本章通过具体的案例，详细地讲解了 PowerPoint 2003 制作演示文稿的方法和步骤，每个案例都是实际应用领域中的某一方面，通过这些案例的学习，读者可以快速掌握 PowerPoint 2003 所提供的一系列易于使用的工具，制作出满足自己需要的、具有专业水平的演示文稿。通过实用的案例让读者用最少的精力、花最少的时间掌握 PowerPoint 这一工具。

第 **6** 章　计算机网络基础

本章学习目标

通过对本章的学习,读者应基本做到以下几点:

- 掌握计算机网络的基本概念;
- 认识和了解网络的组成、分类及拓扑结构的选型;
- 了解网络的体系结构;
- 了解网络协议的概念和网络的参考模型;
- 对计算机局域网有初步的了解。

6.1　计算机网络概述

6.1.1　计算机网络的概念

1. 计算机网络的定义

计算机网络是利用通信线路和通信设备将位于不同地理位置的具有独立功能的多个计算机进行互连,并按照网络协议进行通信,从而达到资源共享的多计算机系统。

计算机网络是计算机技术和通信技术相结合的产物。构成一个计算机网络的必要条件有 3 个。

(1) 至少有两台以上具有独立操作系统的计算机。

(2) 网络介质和设备,用来互连网络中的计算机,使它们形成一个集合体,这些介质和设备可以是导线、激光,也可以是微波和卫星。

(3) 网络协议是计算机之间共同遵守的规则和约定。

2. 计算机网络的功能

计算机网络通常主要具有如下三方面的功能。

1) 数据通信

数据通信是计算机网络最基本的功能,它主要完成网络中各个节点之间的通信。计算机网络提供了最快捷、最方便与他人交换数据信息的方式。人们可以在网络上收发电子邮件,发布新闻消息,进行电子商务、远程教育、远程医疗等活动,还可以利用计算机网络的通信功能将不同位置的计算机进行集中控制和管理。

2）资源共享

计算机资源主要指计算机硬件资源、软件资源和数据资源。计算机网络中的共享资源包括部分或全部网络中的硬件、软件和数据资源,如网络中的大容量存储器、数据库等资源。通过资源共享,可使连接到网络中不同地理位置的用户对资源互通有无、分工协作,从而大大提高系统资源的利用率,如中国知网上的 CNKI 数字图书馆在互联网条件下可供全球用户共享其信息资源。

3）分布式处理

当用户的任务比较庞大且复杂时,可以采用合适的算法,将其分解到网络中不同的计算机中去执行;当网络内某台计算机负担过重时,网络可将任务转交给空闲的计算机来完成,这样就能均衡各计算机的负载,提高处理问题的实时性。分布式处理,不仅充分利用了网络资源,而且扩大了计算机的处理能力,增强了实用性。

计算机网络作为传输信息、存储信息、处理信息的系统,在未来信息社会中将得到更加广泛的应用。计算机网络目前正在向高速化、多媒体化、多服务化等方向发展。未来通信和网络的目标是实现 5W 的个人通信,即任何人(who),在任何时候(when),在任何地方(where)都可以与其他任何人(whomever)传送任何信息(whatever)。

6.1.2　计算机网络的组成

计算机网络是由网络硬件和网络软件组成的。网络硬件包括网络中的计算机(服务器、工作站)、通信设备、通信线路等,网络软件包括网络操作系统、通信协议、网络应用软件等。下面介绍构成计算机网络的主要组成部分。

1. 网络硬件

1）网络服务器

网络服务器为网络上的其他计算机提供服务和共享资源。服务器可以是一台高档的个人计算机,或是一台大、中、小型计算机,也可以是一台专用网络服务器。

网络服务器为网络用户提供管理、分配各种软硬件资源的功能;提供文件管理功能,如文件和目录的存取与安全保护;提供各种 Internet 信息服务,如文件服务、打印服务、存储服务、电子邮件服务、域名服务、Web 服务、文件传输服务等;提供各种网络应用服务,如信息管理系统、远程教学、电子图书馆、IP Phone、电子商务和远程医疗、视频点播、电视会议等多媒体应用;提供网络管理功能,监控网络的运行情况,对网络进行性能管理、失效管理、配置管理、设备管理等。

2）网络客户机

网络客户机是使用网络服务器所提供服务的计算机,它的主要作用是为网络用户提供一个访问网络服务器、共享网络资源、与网络中的其他结点交流信息的操作平台和前端窗口,使用户能够在网络中工作。

目前大多数的计算机网络都采用客户机/服务器工作方式,客户机主动向服务器请求服务,服务器响应请求,并将响应结果传到客户机。如图 6-1 所示是客户机/服务器方式的工作过程。

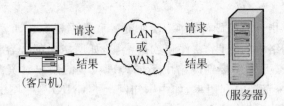

图 6-1 客户机/服务器工作模式

3) 网络通信设备

网络通信设备包括用于网内连接的网络适配器、中继器、集线器和用于网间连接的网桥、路由器、调制解调器、网关等。

(1) 调制解调器(modem)。调制解调器是一种能将数字信号调制成模拟信号,又能将模拟信号解调成数字信号的装置。个人用户通过电话线拨号上网时,调制解调器是不可缺少的设备,如图 6-2 所示。

图 6-2 调制解调器

(2) 网络适配器。网络适配器(Network Interface Adapter,NIA)简称网卡,用于实现连网计算机和网络电缆之间的物理连接,为计算机之间的相互通信提供一条物理通道,通常网络适配器就是一块插件板,插在 PC 的扩展槽中并通过这条通道进行高速数据传输,如图 6-3(a)所示。

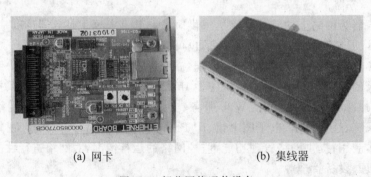

(a) 网卡   (b) 集线器

图 6-3 部分网络通信设备

(3) 集线器(hub)。集线器的主要功能是提供多个双绞线或其他传输介质的连接端口,每个端口可通过传输介质和计算机中的网卡相连。当某个端口收到网络信号时,集线器将传输中衰减了的信号放大整形后发往其他所有连接端口。集线器是局域网络的连网设备(图 6-3(b)),各计算机利用双绞线通过集线器互连构成一个星型网络。

(4) 路由器(router)。路由器用于连接多个独立的网络,将数据从一个网络传送到另一个网络。路由器可根据网络上信息的拥挤程度,自动选择适当的路径传递信息。目前路由器的应用很广泛,已经成为计算机网络的一个重要组成部分。

(5)通信线路。网络通信线路连接网络中的各种主机与设备,为数据传输提供信道,分为有线介质和无线介质两种。有线介质有双绞线、同轴电缆和光纤等。无线介质又分为微波、红外线、激光、卫星等。局域网常用的传输介质有双绞线、同轴电缆和光缆等。

2. 网络软件

网络软件可大致分为网络系统软件和网络应用软件。

1)网络系统软件

网络系统软件是控制和管理网络运行、提供网络通信和网络资源分配与共享功能的网络软件,它为用户提供了访问网络和操作网络的友好界面。网络系统软件主要包括网络操作系统(NOS)和网络协议软件。

一个计算机网络拥有丰富的软硬件资源,为了能使网络用户共享网络资源,实现通信,需要对网络资源和用户通信过程进行有效管理,完成这一功能的软件系统称为网络操作系统。常见的网络操作系统有 Novell 公司的 Netware,Microsoft 公司的 LAN Manager、Windows 2000/XP 和 Sun 公司的 UNIX 等。

网络中的计算机如果要"交谈",它们就必须使用一种标准的语言。有了共同语言,交谈的双方才能相互"沟通"。协议是网络通信的约定语言,为了使网络中的计算机之间有条不紊地交换数据,必须遵守一些事先约定好的规则,这些规则明确地规定了所交换数据的格式和时序。这些为网络数据交换而制定的关于信息顺序、信息格式和信息内容的规则、约定与标准被称为网络协议。目前常见的网络通信协议有 TCP/IP、SPX/IPX、OSI 和 IEEE 802。其中 TCP/IP 是任何要连接到 Internet 上进行通信的计算机必须使用的。

2)网络应用软件

网络应用软件是指为某一个应用目的而开发的网络软件,它为用户提供一些实际的应用功能。网络应用软件既可用于管理和维护网络本身,也可用于某一个业务领域,如网络管理监控程序、网络安全软件、数字图书馆、Internet 信息服务、远程教学、远程医疗、视频点播等。网络应用的领域极为广泛,应用软件也极为丰富。

6.1.3 计算机网络的分类

计算机网络的分类依据有许多种,网络规模大小、网络拓扑结构、距离远近、服务对象等都可以是分类的标准。每种分类结果对于网络本身无实质意义,只影响讨论问题的角度。

1. 按网络规模大小分

按网络规模大小将网络分为以下 3 种类型。

1)局域网(Local Area Network,LAN)

局域网 LAN 又称局部网,一般是指网络规模较小、计算机硬件设备较少、通信线路不超过 10 千米、传输介质较单一的网络。LAN 多用于机关、办公室、学校、工厂等规模比较小的单位内部。局域网的特点是数据传输率高、误码率低、可靠性较高、节点的增删较容易。

2）城域网（Metropolitan Area Network，MAN）

城域网 MAN 的范围较局域网要大一些，地域范围在几十千米到几百千米之间，一般覆盖一个城市或城区。城域网通常是一定范围内多个具有独立功能的局域网的互联，城域网可以实现一个城市信息的资源共享，其采用的技术与局域网很类似。

3）广域网（Wide Area Network，WAN）

广域网是一种可以覆盖多个城市、地区甚至全球的互联网络。最大的广域网是因特网。广域网不但可以将多个局域网或城域网连接起来，而且可以把世界各地的局域网连接成网，使人们最大范围地传送信息和共享资源，但其传输速率低，维护、管理困难。

2. 按网络的拓扑结构分

按网络的拓扑结构分，计算机网络可以分为总线型、星型、环型、树型、网状型（图 6-4），网络的不同拓扑结构影响网络的性能。

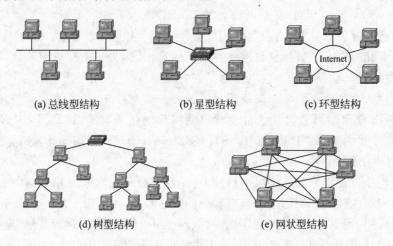

(a) 总线型结构　　　　　(b) 星型结构　　　　　(c) 环型结构

(d) 树型结构　　　　　(e) 网状型结构

图 6-4　网络拓扑结构

网络拓扑结构是指由网络上的节点连接而成的几何形状。将服务器、工作站等抽象成节点，通信线路抽象成线，就构成了由点线组成的网络几何形状，即网络拓扑结构。

总线型、环型、星型拓扑结构常用于局域网，网状型拓扑结构常用于广域网。

1）总线型拓扑结构

总线型拓扑结构通过一根传输线路将网络中的所有节点连接起来，这根线路称为总线。网络中各节点都通过总线进行通信，在同一时刻只能允许一对节点占用总线通信。

2）星型拓扑结构

星型拓扑结构中各节点都与中心节点连接，呈辐射状排列在中心节点周围。网络中任意两个节点的通信都要通过中心节点。

3）环型拓扑结构

环型拓扑结构中各节点首尾相连形成一个闭合的环，环中的数据沿着一个方向绕环，逐站传输。

4）树型拓扑结构

树型拓扑由星型拓扑演变而来，其结构图看上去像一棵倒立的树。树型网络是分层结构，具有根节点和分支节点，它适用于分级管理和控制系统。

5）网状结构

网状结构的每一个节点都有几条路径与网络相连，如果一条线路出故障，通过其他线路，网络仍然能正常工作，但必须有路由选择。这种结构可靠性强，但网络控制和路由选择较复杂，广域网适合网状拓扑结构。

6.2　计算机网络体系结构

如前所述，计算机网络是以资源共享、信息交换为根本目的，通过通信线路和通信设备将物理上分散的独立实体（如计算机系统、外设、智能终端、网络通信设备等）互联而成的多计算机系统。

在计算机网络系统中，网络服务请求者和网络服务提供者之间的通信是非常复杂的，其中必然会涉及的问题有：

- 传输线路在物理上如何建立；
- 数据如何在介质上传输；
- 网络上如何控制数据的传输以避免冲突，如何控制数据的流量以防止数据丢失；
- 数据如何传给指定接收者；
- 网络中各种实体如何建立联系；
- 网络实体如何保证数据被正确接收；
- 使用不同语言的网络实体如何相互沟通。

计算机网络体系结构正是解决这些问题的钥匙。所谓网络体系结构就是对构成计算机网络的各组成部分之间的关系及所要实现的功能的一组精确定义。在计算机系统设计中，经常使用"体系结构"这个概念，它是指对系统功能进行分解，然后定义出各个组成部分的功能，从而达到用户需求的总体目标。因此，体系结构与层次结构是不可分离的概念，层次结构是描述体系结构的基本方法，而体系结构也总具有分层特征。

计算机网络体系结构的核心是如何合理地划分层次，并确定每个层次的特定功能及相邻层次之间的接口。由于各种局域网的不断出现，迫切需要异种网络及不同机种互连，以满足信息交换、资源共享及分布式处理等需求，而这就要求标准化的计算机网络体系结构。

在计算机网络分层结构体系中，通常把每一层在通信中用到的规则与约定称为协议。协议是一组形式化的描述，它是计算机网络软硬件开发的依据。有人称计算机网络协议是计算机通信的语言。

为使连入计算机网络中的异种计算机能够互相通信，国际标准化组织 ISO 制定和发布了著名的开放系统互连（Open System Interconnect，OSI）参考模型，定义了异种机联网标准的主体结构。OSI 将整个网络的通信功能由低向高分为物理层、数据链路层、网络层、传输层、会话层、表示层和应用层 7 个层次，每层均有相应的通信协议来约束通信双方，每层完成一定的功能。低三层属于通信子网的范畴，高三层属于资源子网的范畴，高、低层之间由传输层衔接。

6.2.1　基本概念

1. 网络协议

在计算机网络中用于规定信息的格式以及如何发送和接收信息的一套规则、标准或约定称为网络协议，简称协议。组成协议的 3 个要素是语法、语义和时序。

（1）语法规定了进行网络通信时数据的传输和存储格式，以及通信中需要哪些控制信息。它主要解决网络通信中"怎么讲"的问题。

（2）语义规定了进行网络通信的具体内容，以及发送主机或接收主机所要完成的工作，它主要解决网络通信中"讲什么"的问题。

（3）时序规定计算机操作的执行顺序，以及通信过程中的速度匹配，主要解决"顺序和速度"的问题。

2. 数据封装

一台计算机要发送数据到另一台计算机，数据首先必须打包，打包的过程称为封装。封装就是将用户数据加上网络协议规定的头部和尾部，这些信息包括数据包发送主机的地址、数据包接收主机的地址、数据包采用的协议类型、数据包的大小、数据包的序号、数据包的纠错信息等内容。

在网络通信中，数据往往是多层次封装的。如发送信件时，用户的信件内容相当于数据，写在信纸上的信件不能直接交给邮局传送，必须将信纸装入信封中（数据封装）发送，信封（数据包头）上必须写明收信人姓名、地址（目的地址）和发信人地址（源地址），有时还要写明信件是航空或挂号等信息（类型）。

6.2.2　参考模型

OSI/RM 开放系统互连参考模型是由 ISO 为了把计算机网络互连起来，达到相互交换信息、资源共享、分布应用的目的而提出的网络参考模型。该参考模型将计算机网络体系结构划为 7 个功能层次，分别为物理层、数据链路层、网络层、传输层、会话层、表示层和应用层，并规定了每层的功能以及不同层之间的协调方法。

1. 物理层

物理层是 OSI/RM 的最低层，其主要任务是确定与传输媒体的接口特性，即机械特性、电气特性、功能特性和规程特性。该层将信息按位(bit)从主机经传输介质送往另一台主机，以实现主机之间的比特流传输。

2. 数据链路层

链路(link)是一条无源的点到点的物理线路段，中间没有任何其他的交换结点。数据链路(data link)除了物理线路外，还必须有通信协议来控制这些数据的传输。若把实现这些协议的硬件和软件加到链路上，就构成了数据链路层。

由于物理层仅提供原始的比特流传输，所以数据链路层的主要功能是保证两个相邻节点间的数据以"帧"为单位无差错地传输，此外还有链路管理、帧定界、流量控制、将数据和控制信息区分开、透明传输和寻址等功能。

现在最常用的方法是使用适配器(即网卡)来实现这些协议。一般的适配器都包括数据链路层和物理层的功能。

3. 网络层

网络层的主要功能是以数据链路层的无差错传输为基础，为网络内任意两个设备间的数据交换提供服务，并进行路径选择和拥塞控制。该层接收来自源主机的报文，把它转换为报文分组，然后按路径选择算法确定的路径送到指定的目的主机，之后再还原成报文。

4. 传输层

传输层也称运输层或传送层。从通信和信息处理的角度看，传输层向它上面的应用层提供通信服务，它属于面向通信部分的最高层，同时也是用户功能中的最低层。传输层的主要功能是为应用进程之间提供端到端的逻辑通信(网络层是为主机之间提供逻辑通信)，同时还对收到的报文进行差错检测。

传输层有两种不同的传输协议，即面向连接的 TCP 和无连接的 UDP。

传输层的具体工作是接收会话层送来的报文，报文太长时，先把它分割成多个分组，再交给网络层，实现传输层数据的无差错传送。传输层信息传送的单位是报文。

5. 会话层

会话层又称为对话层，它是用户到网络的接口。该层的主要任务是为不同系统中两个用户进程建立会话连接，并管理它们在该连接上的对话，使它们按顺序正确地完成数据交换。

6. 表示层

表示层主要处理用户数据格式和数据表示的问题，即提供交换数据的语法，把结构化的数据从源主机的内部格式编码为适于网络传输的比特流，然后在目的主机端将它们译码为所要的表示内容。此外，该层还完成数据压缩与恢复、数据加密与解密等功能。

7. 应用层

应用层是 OSI/RM 模型的最高层。应用层的具体任务就是规定应用进程在通信时所遵循的协议。

6.2.3　TCP/IP 网络协议

TCP/IP 是 Internet 网络通信协议集的总称,含有上百个协议,TCP 和 IP 是整个 TCP/IP 协议集中两个最基本的网络通信协议,是互联网信息交换、规则、规范的集合。 TCP/IP 将整个 Internet 网络体系由低至高分为网络接口层、网络层、传输层、应用层 4 个层次,分别对应于 OSI/RM 的数据链路层、网络层、传输层、5～7 层(会话层、表示层、应用层)。TCP 是传输控制协议,它向网络中互连的计算机提供基本的通信连接等服务。IP 是网际协议即 Internet 协议,它为互连的网络及互连的计算机提供通信等服务。

(1) TCP 传输控制协议规定了传输信息怎样分层、分组和在线路上传输。

(2) IP 网际协议定义了 Internet 上计算机之间的路由选择,把各种不同网络的物理地址转换为 Internet 的地址。

6.3　局域网概述

计算机局域网(LAN)以其传输速率高、价格低廉、可靠性高、安装使用维护方便的优势成为计算机网络的主流,局域网可以采用星型、环型、总线型拓扑结构组网,局域网的数据传输速率一般为 10～100Mbps,最大传输距离一般为 25km。

1. 局域网配置

LAN 主要由网络服务器、工作站、网卡、传输介质、网络操作系统 5 部分组成。网络服务器是网络的核心,负责管理并提供网络软硬件资源,它由超高档的微型计算机承担。工作站是处理速度快的微型计算机,负责网络中的数据运算,工作站分有盘和无盘两种。在客户机/服务器(Client/Server)应用模式中,客户机是指发出请求希望使用另一台计算机资源的计算机,客户机通常也称为工作站,而为客户机提供资源的计算机就称为服务器。

2. 典型局域网

LAN 产品主要有以太网(Ethernet)、令牌环(Token Ring)、令牌总线(ARCnet)、 FDDI(分布式光纤数据接口)等。以太网是目前使用最广泛的局域网,遵循 IEEE 802.3 标准,有多种规格,千兆以太网 1000BASE-T 遵循 IEEE 802.3ab 标准。网卡有 10Mbps、 100Mbps、10/100Mbps 自适应网卡。传输介质主要使用 3 类和 5 类双绞线。IEEE 802.4、

IEEE 802.5 分别描述了令牌总线、令牌环标准。FDDI 是一个高速高性能的光纤令牌环局域网，也是一个关于数据在光纤中传输的标准。FDDI 局域网综合了以太网和令牌环中最好的特性，采用光纤作为传输介质，传输速率为 100Mbps，可跨越 200km 远的距离，最多可连接 1000 个站点，光纤局域网具有速率高、容量大、传输距离远、可靠性高等优点。

本 章 小 结

　　本章主要介绍计算机网络的基础知识，包括计算机网络的概念、分类和组成，计算机网络的体系结构及局域网的配置，要求读者通过学习了解计算机网络技术的基础知识。

第 **7** 章 Internet 应用基础

本章学习目标

Internet 采用 TCP/IP 协议作为共同的通信协议,将全世界范围内的局域网、城域网和广域网互联起来,成为全球最大的国际性网络,被人们称为国际互联网或因特网。人们通过 Internet 提供的基本服务,如信息查询、文件传输、远程登录、电子邮件等可以共享全球的信息资源。

通过对本章的学习,读者应基本做到以下几点:

- 了解 Internet 的基本概念和功能,对 Internet 有一个总体认识;
- 掌握通过 Internet 获取信息、交流信息的方法,如网页浏览、信息搜索、收发电子邮件等。

7.1 Internet 概 述

7.1.1 Internet 简介

Internet 专指全球最大的、开放的、由众多网络互联而成的计算机网络。在技术上,Internet 是以当代计算机和通信领域中的最新技术为基础建立起来的全球信息网。在信息资源方面,Internet 通过计算机网络和通信网络将不同国家、地区和领域的多媒体信息连为一体,供网络用户共享,从而形成了全球性的信息资源网,这些连接最终形成了巨大的数据公路,众多人的参与使得 Internet 成为极其丰富和宝贵的信息资源。

1969 年,美国国防部创建了 Internet 的前身——ARPANET,20 世纪 80 年代,美国国家科学基金会(NSF)将其拓展,与主要的国家实验室和大学的计算机相连,建成全美科研与教育骨干网,即 NSFNET。此后,世界上许多国家的计算机网络与之相连,逐渐形成了覆盖全球的 Internet。Internet 的发展速度非常惊人,目前,接入其中的计算机不计其数,而且还在全球范围内扩展。作为全球最大的国际互联网,Internet 正以其丰富的信息资源影响并吸引着众多的使用者。

我国的互联网从 20 世纪 90 年代中期开始,发展速度极快,目前已经建成了 9 个骨干网,分别是中国公用计算机互联网(CHINANET)、中国科技信息网(CSTNET)、中国教育科研网(CERNET)、中国网通宽带网(CNCNET)、中国联通互联网(UNINET)、中国移动互联网(CMNET)、中国卫星集团互联网(CSNET)、中国长城网(CGWNET)和中国国际经济贸易互联网(CIETNET)。

7.1.2　IP 地址与域名系统

任何连入 Internet 的计算机都被叫做主机,为了使连接在 Internet 上的主机能够被识别并进行通信,每台主机都必须有一个唯一的 Internet 地址。这个 Internet 地址有两种形式:一种是机器可识别的地址,用数字表示,即 IP 地址(它的功能就像每个人的身份证号);另一种是便于人们看懂的地址,用字符表示,即域名(它的功能就像每个人的姓名)。

1. IP 地址

IP 地址是标识一台 TCP/IP 主机的唯一逻辑地址,由 32 位(bit)二进制数组成,表示为以下圆点分隔的 4 个十进制数,每一个数对应于 8 位二进制数,每个数的范围为 0~255,例如,200.200.200.10 是一台主机的 IP 地址。

每一个 IP 地址都由两部分组成:网络地址和主机地址,处于同一个网络内的各节点,其网络地址是相同的。主机地址规定了该网络中的具体节点,如工作站、服务器、路由器等。

IP 地址分为 A、B、C、D、E 五类。其中 A、B、C 类地址是主机地址,D 类地址为组播地址,E 类地址保留给将来使用,如图 7-1 所示。

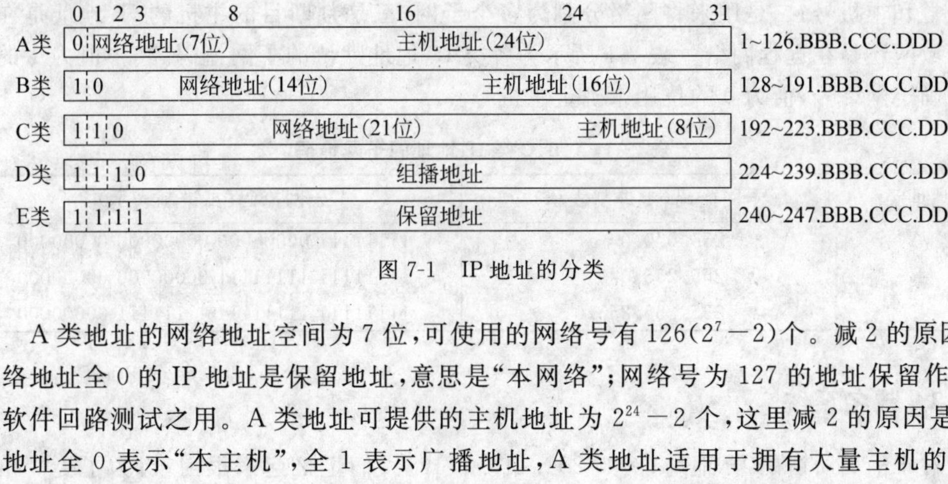

	0 1 2 3　　8　　16　　24　　31	
A类	0 网络地址(7位)　　　主机地址(24位)	1~126.BBB.CCC.DDD
B类	1 0　网络地址(14位)　　　主机地址(16位)	128~191.BBB.CCC.DDD
C类	1 1 0　网络地址(21位)　　　主机地址(8位)	192~223.BBB.CCC.DDD
D类	1 1 1 0　　　组播地址	224~239.BBB.CCC.DDD
E类	1 1 1 1　　　保留地址	240~247.BBB.CCC.DDD

图 7-1　IP 地址的分类

A 类地址的网络地址空间为 7 位,可使用的网络号有 126(2^7-2)个。减 2 的原因是:网络地址全 0 的 IP 地址是保留地址,意思是"本网络";网络号为 127 的地址保留作为本机软件回路测试之用。A 类地址可提供的主机地址为 $2^{24}-2$ 个,这里减 2 的原因是:主机地址全 0 表示"本主机",全 1 表示广播地址,A 类地址适用于拥有大量主机的大型网络。

B 类地址的网络地址空间为 14 位,允许有 2^{14} 个不同的 B 类网络。每一个 B 类网络的最大主机数是 $2^{16}-2$,一般用于中等规模的网络。

C 类地址的网络空间为 21 位,允许有 2^{21} 个不同的 C 类网络。每一个 C 类网络的最大主机数是 2^8-2,用于规模较小的局域网。

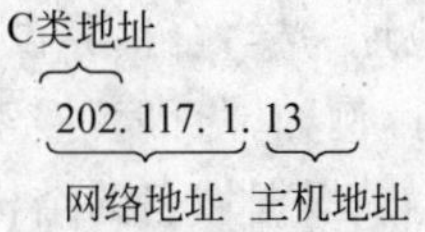

例如,某大学中的一台计算机分配到的地址为 202.117.1.13 (图 7-2),地址的第一个字节在 192~223 范围内,因此它是一个 C 类地址,按照 IP 地址分类的规定,它的网络地址为 202.117.1,主

C类地址
202.117.1.13
网络地址　主机地址

图 7-2　IP 地址例子

机地址为 13。

可以指定一台计算机具有一个或多个 IP 地址,因此在访问 Internet 时,不要以为一个 IP 地址就是一台计算机;另外,通过特定的技术,也可以使多台服务器共用一个 IP 地址,这些服务器在用户看起来就像一台主机似的。

2. 子网及子网掩码

1) 子网

子网是指在一个 IP 地址上生成的逻辑网络,它的使用源于单个 IP 地址的 IP 寻址方案,把一个网络分成多个子网,要求每个子网使用不同的网络号,通过把主机号分成两个部分,为每个子网生成唯一的网络号。一部分用于标识作为唯一网络的子网,另一部分用于标识子网中的主机,这样原来的 IP 地址结构变成如下三层结构:

| 网络地址 | 子网地址 | 主机地址 |

这样做的好处是节省 IP 地址。可借助于子网掩码,将网络分割为若干个子网,由于其网络地址部分相同,单位内部的路由器能区分不同的子网,而外部的路由器则将这些子网看成同一个网络。这有助于本单位的主机管理,因为各子网之间用路由器来相连。

2) 子网掩码

子网掩码是一个 32 位的 IP 地址,它的作用一是用于屏蔽 IP 地址的一部分,以区别网络号和主机号;二是用来将网络分割为多个子网;三是判断目的主机的 IP 地址是在本地局域网还是在远程网络。表 7-1 所示为各类 IP 地址默认的子网掩码,其中值为 1 的位用来确定网络号,值为 0 的位用来确定主机号。

表 7-1 A、B、C 类 IP 地址的子网掩码

地址类	子网掩码(十进制表示)	子网掩码(二进制表示)
A	255. 0. 0. 0	11111111 00000000 00000000 00000000
B	255. 255. 0. 0	11111111 11111111 00000000 00000000
C	255. 255. 255. 0	11111111 11111111 11111111 00000000

3. 域名系统

对于前面所讲的 IP 地址,例如 202.117.1.13,人们记忆起来很困难,为了更简单地唯一标识网络中的主机,TCP/IP 协议专门提供了一种分层命名系统,即域名系统(Domain Name System,DNS),用于识别 Internet 上的主机,Internet 上一个服务器或一个网络系统的名字称为域名(Domain Name)。

域名系统是一种包含主机信息的逻辑结构,它并不反映主机所在的物理位置。同 IP 地址一样,全世界没有重复的域名。域名由多个英文字母或数字组成,由"."分隔为几部分,例如,"百度"搜索引擎的域名为 www.baidu.com。

根据域名的结构,可以将域名分为两类:一类是国际顶级域名(简称国际域名),一类是国内域名。在域名管理系统中,所有顶级域名都由 InterNIC(国际 Internet 信息中心)

控制。另外各个国家都有自己的国家域,如.au代表澳大利亚,.ca代表加拿大,.cn代表中国等。

国际域名的最后一个后缀是一些诸如.com(商业企业)、.edu(教育机构)、.net(网络服务机构)、.org(民间团体组织)、.gov(政府机构)、.mail(军事部门)等的国际通用域。国内域名通常包括国际通用域和国家域,而且以国家域作为最后一个后缀。例如,www.yahoo.com.cn就是一个中国国内域名,www.yahoo.com是一个国际域名。

由于TCP/IP协议工作时,是通过IP地址选择路由的,所以必须将域名解释成IP地址。在每个域中都有各自的域名服务器,由它们负责注册该域内的所有主机,即建立本域的主机名与IP地址的对照表,当服务器收到客户端域名请求时,将域名解释为对应的IP地址。反之IP地址也可以转换成域名。表7-2给出部分域名与IP地址的对应关系。

表 7-2　部分域名与 IP 地址的映射关系

位　置	域　名	IP 地址	IP 地址类型
中国教育科研网	www.cernet.edu.cn	202.112.0.36	C
清华大学	www.tsinghua.edu.cn	166.111.250.2	B
北京大学	www.pku.edu.cn	162.105.129.30	B
北京邮电大学	www.bupt.edu.cn	202.38.184.81	C
华南理工大学	www.gznet.edu.cn	202.112.17.38	C
西安交通大学	www.xjtu.edu.cn	202.117.1.13	C
西北大学	www.nwu.edu.cn	202.117.96.5	C

Internet 域名系统是逐层、逐级由大到小划分的,如图 7-3 所示,这样既提高了域名解析的效率,同时也保证了主机域名的唯一性。DNS 域名树的最下面的节点为单个的计算机,域名的级数通常不大于 5。

图 7-3　域名系统

域名和 IP 地址的关系并非一一对应。注册了域名的主机一定有 IP 地址,但不一定每个 IP 地址都在域名服务器中注册了域名。

7.1.3 Internet 提供的基本服务

Internet 上的信息资源丰富多彩，它所提供的服务也是多种多样，常见的基本服务有网页浏览，搜索信息，FTP 文件传输，电子邮件等。

1. 网页浏览基础知识

1）什么是 WWW

WWW（World Wide Web），又称万维网，是一个基于 Internet 的、动态分布的多平台交互式图形超文本信息系统。WWW 上的信息均按页面进行组织，称为 Web 页。每个 Web 站点都有一个主页（Homepage），它是该 Web 站点的信息目录表或主菜单。万维网实际上是一个由千千万万个 Web 页面组成的信息网。用户通过 Web 浏览器软件（如 Windows 系统中的 IE 6.0 浏览器），可以浏览 Web 站点的信息。

2）Web 浏览器与 Web 服务器

Web 浏览器是网络应用软件，它能把在 Internet 上找到的各类文件翻译成网页形式并呈现在用户面前。

Web 服务器接收用户通过浏览器发出的请求、查询消息，然后向浏览器传送 Web 页面；Web 浏览器发送用户请求的信息并将服务器传输过来的 Web 页面信息显示在屏幕上。

Web 访问的基本流程是由浏览器向 Web 服务器发出 HTTP 请求，Web 服务器接到请求后，进行相应的处理，将处理结果以 HTML 文件的形式返回给浏览器，客户浏览器对其进行解释并显示给用户。Web 的工作过程如图 7-4 所示。

图 7-4　Web 访问流程

3）HTML 语言

使用浏览器访问某个站点时，会发现它是由一个个页面组成的。页面文件由 HTML（Hypertext Markup Language，超文本标记语言）编写，包含一些 HTML 标记定义的页面元素，浏览器在处理页面文件时遇到这些标签会按照一定的格式进行处理，这样就形成了实际看到的网页。

4）HTTP

浏览器浏览网页时使用 HTTP（Hypertext Transmission Protocol，超文本传输协议）。

5）URL

URL（Uniform Resource Locator，统一资源定位器）就是 Web 地址，俗称"网址"。

URL 格式为：

协议：//主机标识（：端口）（路径/文件名）

例如，http：//www. people. com. cn/GB/138812/index. html，它从左到右由以下部分组成：http 是 Internet 上的超文本传输协议名称，指出用来访问 Web 的协议；www. people. com. cn 是主机地址，表示要访问的 Web 服务器主机（服务器）域名；GB/138812/index. html 是路径/文件名，指明服务器上某个页面文件的位置和文件名。

URL 标准不仅定义了 HTTP 协议，还定义了其他协议：

- 超文本传输协议的 URL——http：//www. sina. com. cn/
- 文件传输协议的 URL——ftp：//ftp. pku. edu. cn/
- 远程登录协议的 URL——telnet：//bbs. xjtu. edu. cn
- 新闻组的 URL——news：//news. newsgroup. com. hk

2. 搜索引擎

要查询某个相关信息但不知道信息所在的网址时，可以通过搜索引擎快速检索到信息所在的网址。搜索引擎是某些网站免费提供的用于网上查找信息的程序，是一种专门用于定位和访问 Web 网页信息、获取用户希望得到的资源的导航工具。搜索引擎通过分类查询方式或关键字查询方式获取特定的信息。

当用户输入要搜索的信息关键字后，所有在页面内容中包含了该关键字的网页都将作为搜索结果显示出来。在经过复杂的算法进行排序后，这些结果将按照与搜索关键字的相关度高低依次排列。常用的搜索引擎有百度（www. baidu. com）、谷歌（www. google. com. hk）、雅虎（www. yahoo. com）、搜狗（www. sogou. com/）等。

3. FTP 文件传输

除了可以利用浏览器、搜索引擎等下载文件外，还可以通过专用的文件传输服务（FTP）系统传输文件。

FTP 是 Internet 上使用广泛的文件传送协议。FTP 能屏蔽计算机所处位置、连接方式以及操作系统等细节，使 Internet 上的计算机之间实现文件的传送。

利用 FTP 传输文件的方式主要有 3 种：浏览器登录、FTP 命令行登录和 FTP 下载工具登录。

IE 浏览器中带有 FTP 程序，因此可在浏览器地址栏中直接输入 FTP 服务器的 IP 地址或域名，按 Enter 键后浏览器将自动调用 FTP 程序完成链接。

4. 电子邮件服务

电子邮件是 Internet 上使用最广泛和最受欢迎的服务之一，它是网络用户之间的快速、简便、可靠且低成本的现代通信手段。

电子邮件使网络用户能够发送和接收文字、图像、语音等多种形式的信息。使用电子邮件的前提是拥有自己的电子信箱，即 E-mail 地址，实际上就是在邮件服务器上建立一个用于存储邮件的磁盘空间。

电子邮箱地址的组成：用户名@电子邮件服务器名。例如，wangling@sina.com.cn 表示在新浪网站的邮件服务器上申请的邮箱。

7.2 案例1——网页浏览

案例1——使用 Internet Explorer(IE)上网浏览西安交通大学的网页，保存某一页面信息和某一幅图片。

7.2.1 案例操作

1. Web 页面的基本浏览方法

1）输入网址

启动 IE 浏览器，在地址栏中输入 http://www.xjtu.edu.cn/（西安交通大学主页地址）后按 Enter 键，即会出现图 7-5 所示的网站主页面。

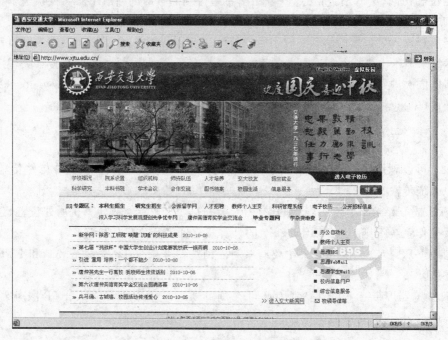

图 7-5 西安交通大学主页

2）浏览网页

如果想要浏览感兴趣的页面，只需移动鼠标到有超链接的文字和图形上（鼠标指针会变成手指形），单击即可进入另一个 Web 页。如果想在新窗口中打开链接，可以移动鼠标到有超链接的位置右击，在弹出的快捷菜单中选择"在新窗口中打开"命令。

这样一级级浏览下去,就可浏览整个 WWW 资源。也可单击工具栏中的"后退"、"前进"、"主页"等按钮实现返回前页、转入后页、返回主页等浏览功能。

3）中断当前的浏览操作

当下载网页时,如果网络传输速度过慢或者页面的信息量很大,为避免等待时间过长,可单击"停止"按钮或按 Esc 键停止传送。

4）刷新当前页面

有时候在页面传送过程中,可能会在某个环节发生错误,导致该页面显示不正确或下载过程发生中断。可单击"刷新"按钮,再次向存放该页面的服务器发出请求以重新浏览该页。

5）开启多个浏览窗口加快网页浏览

为了提高上网效率,应开启多个浏览器窗口。同时浏览不同的网站信息,如图 7-6 所示。但不能同时开启太多的窗口而耗费过多的资源,不用的窗口可以及时关闭。

图 7-6　开启多个浏览器窗口

2. 保存 Internet 上的文件

1）保存当前页面为 HTML 文件

具体步骤如下:

(1) 选择"文件"|"另存为"命令,弹出"另存为"对话框。

(2) 输入文件名。

(3) 在"保存类型"下拉列表框中选择文件类型,有 4 种保存类型可供选择。

- "网页,全部(∗.htm;∗.html)"保存页面所有信息,文件扩展名为.html 或.htm。
- "网页,仅 HTML(∗.htm;∗.html)"只保存页面的文字内容,保存为一个扩展名为.html 或.htm 的文件。

- "Web 档案,单一文件(* . mht)"把当前页面的全部信息保存在一个 MIME 编码文件中。
- "文本文件(* . txt)"将页面的文字内容保存为一个扩展名为 . txt 的文本文件。

(4) 输入文件名,单击"保存"按钮,就可以保存当前页面到【我的电脑】中,但有些图像和动画不能被保存下来,要保存图像和动画,需要单独进行。

2) 保存图片

网页中包含的图片一般是 JPG 格式或 GIF 格式,这两种格式的图片比较适合网络传输。

(1) 保存图片的步骤如下。

- 将鼠标移到一幅图片上,单击鼠标右键,选择"图片另存为"命令。
- 在弹出的"保存图片"对话框中选择存储在本机的路径和存储的图片格式,并输入文件名称,单击"保存"按钮。把图片存储在本地计算机的一个文件夹下。

(2) 保存背景图像的步骤如下。

- 将鼠标移到自己喜欢的背景处(没有超链接、没有插图),单击鼠标右键,选择"背景另存为"命令。
- 指定保存背景图像的位置和文件名,单击"保存"按钮即可将背景图像保存到本地机。

(3) 将 Web 页面图片作为桌面墙纸。右击网页上的图片,在弹出的快捷菜单中选择"设置为墙纸"命令,即可将喜欢的图片设为桌面背景。

7.2.2 知识技能点提炼

1. 加快网页浏览速度的方法

1) 只浏览页面中的文字内容

Web 页面中含有大量的图像、声音和动画,使得浏览 Web 页的速度缓慢,如果只需要浏览文字信息,可以通过取消页面中的多媒体文件,加快显示页面的浏览速度,具体步骤如下。

(1) 打开浏览器中的"工具"菜单,选择"Internet 选项"命令,打开"Internet 选项"对话框,打开"高级"选项卡。

(2) 移动垂直滚动条到"多媒体"区域,取消选中"显示图片"、"播放网页中的动画"、"播放网页中的视频"和"播放网页中的声音"等复选框,如图 7-7 所示。

(3) 单击"确定"按钮。

2) 使用收藏夹可以脱机浏览

用户可以将一些感兴趣的站点网址添加到收藏夹,而不必费心记住它的域名。

(1) 将网址添加到收藏夹的步骤如下。

- 访问感兴趣的网页时,选择"收藏"菜单中的"添加到收藏夹"命令,出现"添加到收藏夹"对话框,如图 7-8 所示。

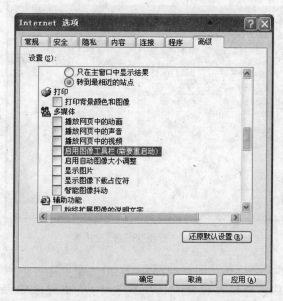

图 7-7　取消下载页面的多媒体文件

图 7-8　将页面的网址添加到收藏夹中

- 在"添加到收藏夹"对话框中,单击"创建到"按钮,并单击"新建文件夹"按钮可以将网址分门别类地存放在不同的文件夹下。
- 在连接 Internet 以后,单击"收藏"按钮打开收藏夹,就可以在收藏夹中查找自己要访问的站点名字。

(2) 整理收藏夹的网址。收藏夹中的文件和文件夹应经常整理,否则容易引起混乱,具体步骤如下。

- 选择"收藏"菜单中的"整理收藏夹"命令,弹出"整理收藏夹"对话框。
- 可以通过单击"创建文件夹"按钮、"重命名"按钮、"移至文件夹"按钮、"删除"按钮完成相应的整理工作,图 7-9 显示了收藏夹中的文件夹。

(3) 复制收藏夹到其他计算机或将其他计算机上的收藏夹复制到本计算机。可以利用"导入导出"选项,使得其他计算机可以共享本计算机收藏夹中的内容,具体步骤如下:

- 选择"文件"菜单中的"导入和导出"命令,单击"下一步"按钮。
- 在"导入/导出向导"对话框中选择"导出收藏夹"操作,单击"下一步"按钮。
- 选择导出的文件夹,将计算机中收藏的信息保存为一个 HTML 文件。
- 将 HTML 文件复制到其他计算机中,用同样的方式选择"导入收藏夹"操作,可将收藏夹的文件导入到这台计算机中。

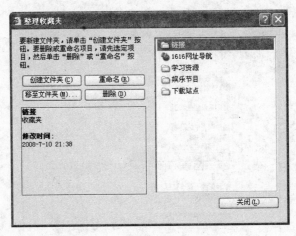

图 7-9　"整理收藏夹"对话框

3）利用历史记录浏览以前访问过的网页

用户输入过的 URL 地址将保存在历史列表中，历史记录中存储了已经打开过的 Web 页面的详细资料，保存在 Temporary Internet Files 文件夹中。借助历史记录，用户按日期或按站点可以快速查找到以前访问过的网页，并可以脱机浏览，方法如下。

（1）在工具栏中单击"历史"按钮，窗口左边出现历史记录栏，其中列出用户最近几天或几星期内访问过的网页和站点的链接。

（2）单击"查看"按钮旁的下拉箭头，弹出一个下拉式菜单，其中有 4 个选项供用户选择，即"按日期"、"按站点"、"按访问次数"和"按今天的访问顺序"，如图 7-10 所示。

图 7-10　利用历史记录浏览网页

———————— 计算机应用基础案例教程

2．浏览器的配置

1）设置浏览的起始页

启动 IE 时，浏览器会自动下载并显示出一个页面，这个页面称浏览器的主页，也是用户浏览的起始页。用户可以根据自己的需要重新设置主页，可以将自己经常浏览的网址作为"主页"，具体步骤如下：

（1）在浏览器窗口中依次选择"工具"|"Internet 选项"命令。

（2）在打开的"Internet 选项"对话框中选择"常规"选项卡，如图 7-11 所示。

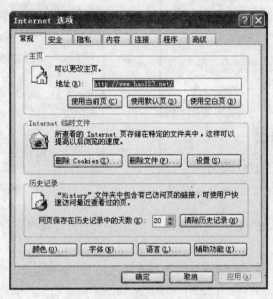

图 7-11　设置 Internet 选项

（3）在"地址"文本框中输入用户希望最先浏览的 URL，也可以单击"地址"文本框下的 3 个按钮。

- "使用当前页"按钮：如果要用浏览器当前正在显示的 Web 页面作为默认页面，则单击"使用当前页"按钮，当前页的 URL 出现在"地址"文本框中。
- "使用默认页"按钮：默认页指浏览器生产商 Microsoft 公司的主页，它的 URL 是 http://www.microsoft.com。
- "使用空白页"按钮：系统内含有一个名为 about：blank 的页面，该页面是一个不含任何内容的空白页。

2）设置临时文件夹可以提高访问网站的速度

临时文件夹存放最近访问过的所有 Web 站点的信息，以便加快再次访问这些站点的访问速度。

例如，临时文件夹中保存网页的图片、Flash 动画等，临时文件夹的默认路径是 C:\Documents and Settings\Administrator\Local Settings\Temporary Internet Files。

设置临时文件夹的步骤如下。

（1）单击图 7-11 中的"设置"按钮，打开图 7-12 所示的"设置"对话框，并单击其中的"移动文件夹"按钮来改变临时文件夹的路径。

（2）单击"设置"对话框中的"查看文件"按钮可以查看临时文件夹的内容。

3）设置字体及文字大小

（1）单击图 7-11 中的"字体"按钮，可以设置网页的字体，如图 7-13 所示。

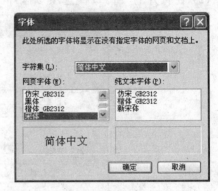

图 7-12　改变临时文件夹的位置　　　　　图 7-13　设置网页的字体

（2）在 IE 浏览器的"查看"菜单中选择"文字大小"命令也可以设置字体大小。

3．中国知网的使用

国家知识基础设施（National Knowledge Infrastructure，CNKI）简称为 CNKI 工程，是以实现全社会知识信息资源共享为目标的国家信息化重点建设项目。中国知网（以前称为中国期刊网）是 CNKI 的一个重要组成部分，已建成了世界上中文信息量规模最大的 CNKI 数字图书馆，收录的信息内容涵盖了自然科学、工程技术、人文与社会科学期刊，博士/硕士论文，报纸，图书，会议论文等公共知识信息资源，为在互联网条件下共享知识信息资源提供了一个重要的数字化学习平台。

中国知网数据库主要有中国期刊全文数据库、中国博士学位论文数据库、中国优秀硕士学位论文全文数据库、中国重要报纸全文数据库和中国重要会议论文全文数据库等。每个数据库都提供初级检索、高级检索和专业检索 3 种功能，高级检索功能最常用。

访问中国知网的方法如下。

（1）打开 IE 浏览器，在地址栏中输入 http://www.cnki.net/index.htm，即可进入中国知网（CNKI）数字图书馆，也可以通过各大学图书馆中的链接进入该数字图书馆。

（2）进入主页后，根据提示输入用户名和密码，根据自己的需要在数据库列表区中选择搜索数据源，如中国期刊全文数据库（CJFD），或中国博士学位论文数据库等。

（3）单击"登录"按钮。

（4）利用检索条件和检索导航快速地找到所需的文献。

注意：中国知网数据库主要以 CAJ 格式和 PDF 格式提供文献，因此，在用户计算机中需要预先安装好 CAJ Viewer 浏览器或 Adobe Reader 软件。

7.3　案例 2——搜索信息

案例 2——通过搜索引擎搜索"网上书店"的相关信息。

7.3.1　案例操作

1. 用百度搜索引擎搜索信息

（1）在地址栏中输入百度的网址 http://www.baidu.com。

（2）输入搜索内容包含的信息关键字，例如，在搜索关键字处输入"网上书店"，单击"百度一下"按钮。在所有的 FTP 服务器上搜索"网上书店"，搜索到的包含"网上书店"关键字的相关文件如图 7-14 所示。

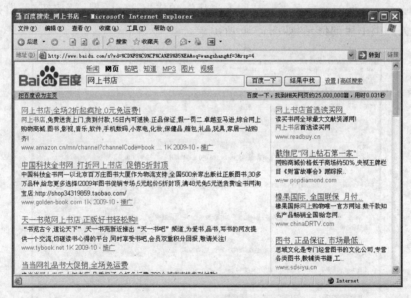

图 7-14　百度搜索到的文件

（3）如果想要进一步查找与"计算机"相关的"网上书店"，可以在搜索关键字处输入"计算机"，单击图 7-14 中的"结果中找"按钮，可以在已查找到的结果中搜索指定信息。查找结果如图 7-15 所示。

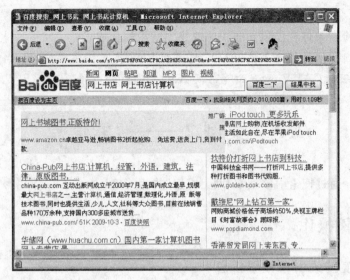

图 7-15　多关键字查找指定信息

2．利用 Google 搜索引擎查询指定类型的文件

（1）在地址栏中输入 Google 的 URL 地址 http：//www.google.com.hk。

（2）输入要查询的信息名，例如"网上书店"，单击"Google 搜索"按钮，开始在互联网上搜索有关网上书店的信息，如图 7-16 所示。

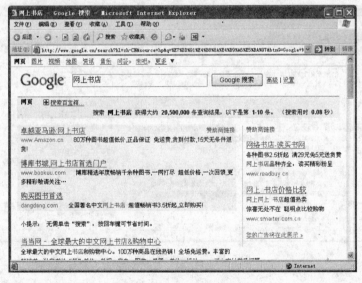

图 7-16　Google 搜索引擎

（3）也可以搜索指定类型的文件，如图 7-17 所示，图中搜索关键字为"新概念英语 filetype：ppt"，表示搜索"新概念英语"信息中的 Microsoft PowerPoint 文件。也可搜索其他类型的文件，如 filetype：ppt 表示搜索 Microsoft PowerPoint 文件。

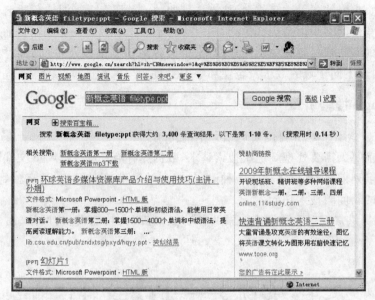

图 7-17　搜索指定类型的文件

7.3.2　知识技能点提炼

1. 百度搜索引擎

百度公司是中国互联网领先的软件技术提供商和平台运营商。中国提供搜索引擎的主要网站中,超过 80% 由百度提供。1999 年底,百度成立于美国硅谷,它的创建者是在美国硅谷有多年成功经验的李彦宏先生及徐勇先生。2000 年百度公司回国发展。百度的起名,来自于"众里寻她千百度"的灵感,它寄托着百度公司对自身技术的信心。

百度公司自进入中国互联网及软件市场以来,一直以开发真正符合中国人习惯的互联网核心技术为使命,依靠自身实力不断研发出拥有自主知识产权的可扩展的网络应用软件。其产品及服务是针对不同企业及各机构网络化的基本需求而设计的,主要产品线有两大类。其一是基于全球互联网的中文网页检索。这条产品线主要服务于门户网站,客户包括 Sina、Sohu、Tom. com、263 在线、21CN、上海热线、广州视窗等。另一类是基于企业级的信息检索解决方案,包括网事通系列软件及百度企业竞争情报系统。其中,网事通系列软件包括网站站内检索系统、行业垂直检索系统、新闻监控系统、企业垂直检索系统、实时信息系统及信息采集系统。目前,这些企业级的信息检索解决方案正服务于各个不同领域,包括电信企业,如广东电信、河北电信;金融企业,如中国人民银行、中国银行;传媒领域,如中央电视台、香港 TVB、光明日报网;教育领域,如清华大学等。此外,百度还利用遍布在全国庞大的 CDN 网络提供的信息传递技术(即网站加速及网络缓存技术),它的使用者包括深圳商报、四川新闻网、中国基础教育网等。

2001 年 10 月百度依据李彦宏先生的第三定律和百度自身庞大的搜索用户群,适时地推出了搜索引擎竞价排名这一全新的商业模式。竞价排名,是指由用户(通常为企业)

为自己的网页出资购买关键字排名,按点击计费的一种服务。通过竞价排名,搜索结果的顺序将根据竞价的多少由高到低排列,同时奉行不点击不收费的原则。目前,加入竞价排名推广阵营的网站包括各大中文门户网站、中国各地信息港以及百度提供技术支持的所有网站,来自于不同领域的数千家企业和个人主页参与了竞价排名。

2. Google 搜索引擎

Google 搜索引擎是由两位斯坦福大学的博士 Larry Page 和 Sergey Brin 在 1988 年创立的。目前每天需要处理 2 亿次搜索请求,数据库存有 30 亿个 Web 文件,网页数量在搜索引擎中名列前茅,支持多达 132 种语言,搜索结果准确率极高,具有独到的图片搜索功能和强大的新闻组搜索功能。

Google 提供常规搜索和高级搜索两种功能,有四大功能模块:网站、图像、新闻组和目录服务。

7.4　案例 3——FTP 文件传输

案例 3——访问北京大学的 FTP 服务器,下载需要的文件。

7.4.1　案例操作

(1) 在 IE 浏览器地址栏中输入 ftp://ftp.pku.edu.cn,按 Enter 键后就可以登录到该服务器上的公共目录。

(2) 搜索需要的文件,然后复制到本地计算机。浏览器界面如图 7-18 所示。允许匿

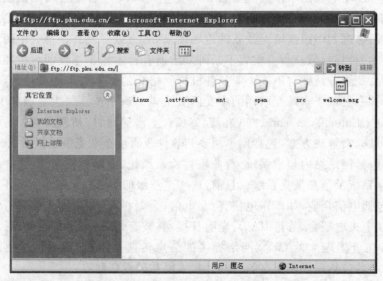

图 7-18　借助浏览器访问 FTP 服务器

名登录的 FTP 服务器是用作公共服务的,用户不需要输入任何用户名和口令,就可以享受服务器提供的免费软件资源。

7.4.2　知识技能点提炼

FTP 是 File Transfer Protocol(文件传输协议)的英文简称,而中文简称为"文传协议"。用于 Internet 上的控制文件的双向传输。同时,它也是一个应用程序(Application)。用户可以通过它把自己的 PC 与世界各地所有运行 FTP 协议的服务器相连,访问服务器上的大量程序和信息。

使用 FTP 时必须首先登录,在远程主机上获得相应的权限以后,方可下载或上传文件。也就是说,要想同哪一台计算机传送文件,就必须具有哪一台计算机的适当授权。换言之,除非有用户 ID 和口令,否则便无法传送文件。这种情况违背了 Internet 的开放性,Internet 上的 FTP 主机何止千万,不可能要求每个用户在每一台主机上都拥有账号。匿名 FTP 可以解决这个问题。

FTP 将用户分为 3 类,即 Real 账户、Guest 用户和 Anonymous(匿名)用户。

Real 账户在 FTP 服务上拥有账号,当这类用户登录 FTP 服务器的时候,其默认的主目录就是其账号命名的目录;在 FTP 服务器中,我们往往会给不同的部门或者某个特定的用户设置一个账户,且这个账户只能够访问自己的主目录。服务器通过这种方式来保障 FTP 服务上其他文件的安全性。这类账户在 Vsftpd 软件中就叫做 Guest 用户。拥有这类用户的账户,只能够访问其主目录下的目录,而不得访问主目录以外的文件;Anonymous(匿名)用户也是我们通常所说的匿名访问,这类用户是指在 FTP 服务器中没有指定账户,但是其仍然可以匿名访问某些公开的资源。

在组建 FTP 服务器的时候,我们就需要根据用户的类型,对用户进行归类。默认情况下,Vsftpd 服务器会把建立的所有账户都归属为 Real 用户。但是,这往往不符合企业安全的需要。因为这类用户不仅可以访问自己的主目录,而且还可以访问其他用户的目录。这就给其他用户所在的空间带来一定的安全隐患。所以,企业要根据实际情况,修改用户所在的类别。

需要进行远程文件传输的计算机必须安装和运行 FTP 客户程序。在 Windows 操作系统的安装过程中,通常都安装了 TCP/IP 协议软件,其中就包含了 FTP 客户程序。但是该程序是字符界面而不是图形界面,这就必须以命令提示符的方式进行操作,很不方便。

启动 FTP 客户程序工作的另一途径是使用 IE 浏览器,用户只需要在 IE 地址栏中输入如下格式的 URL 地址:FTP://用户名:口令@FTP 服务器域名:[端口号]。

通过 IE 浏览器启动 FTP 的方法尽管可以使用,但是速度较慢,还会将密码暴露在 IE 浏览器中而不安全。因此一般都安装并运行专门的 FTP 客户程序。

7.5 案例4——电子邮件的收发

案例4 在网易网站申请一个免费电子邮箱,并通过该邮箱收发电子邮件。

7.5.1 案例操作

1. 申请邮箱

当前电子邮箱主要有两种类型:收费电子邮箱和免费电子邮箱。收费电子邮箱要求用户每年要交纳一定费用,邮箱一般安全性较好。当前提供免费电子邮箱的服务商很多,各大门户网站都能申请到,而且申请过程非常简单。例如,网易、搜狐、新浪等网站都提供免费电子邮件服务。

下面在网易网站申请一个免费邮箱。

(1) 在地址栏中输入网站网址(http://www.163.com)并按 Enter 键,如图 7-19 所示。

图 7-19 打开网易主页

(2) 单击"注册免费邮箱"按钮,打开"网易邮箱－注册新用户"窗口,如图 7-20 所示。

(3) 在打开的窗口中输入要注册的用户名 heavycloudy(自己命名),单击旁边的"检测"按钮,如果出现"用户名已存在",则更换另外的用户名输入,直到出现"请选择您想要的邮箱账号"列表,选择一个邮箱名,按提示输入密码 123456(自设)两次。

图 7-20　输入用户名和密码

　　（4）根据提示输入图 7-21 所示的必填信息，可以输入一些个人资料，以便忘记密码后取回密码时使用，输入完成后，单击"创建账号"按钮。

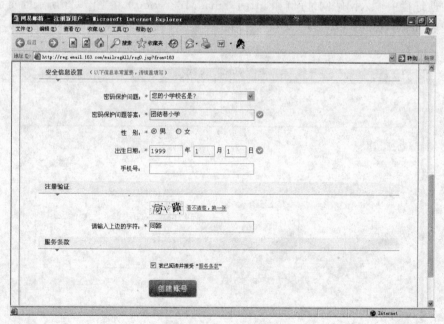

图 7-21　输入相关资料

　　（5）出现图 7-22 所示的页面后，表示已经成功申请了一个名为 heavycloudy @163.com 的免费电子邮箱，单击"进入邮箱"按钮，就可进入刚申请的邮箱。

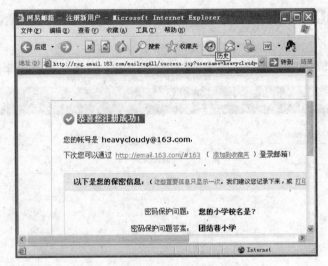

图 7-22　申请网易邮箱成功后的界面

2. 电子邮件的接收与发送

申请成功后，就可登录到所申请的邮箱收发邮件了。

1）登录到网易邮箱的首页

在地址栏中输入网站网址（例如 http://mail.163.com/），在图 7-23 所示的页面中输入用户名 heavycloudy 和密码 123456，单击"登录"按钮，出现网易邮箱界面，如图 7-24所示。

图 7-23　邮箱登录界面

　　计算机应用基础案例教程

图 7-24　邮箱界面

2) 写信与添加附件

单击图 7-24 所示页面中的"写信"标签,出现图 7-25 所示的窗口,在窗口内的"收件人"文本框中输入收信人的电子邮箱地址,"主题"文本框中输入提示信息,旨在让收信人

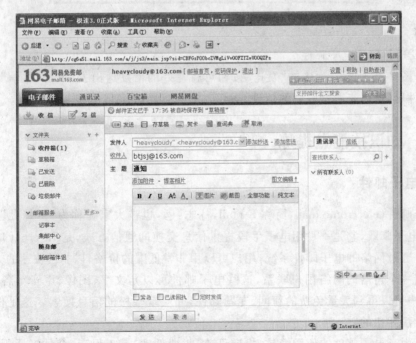

图 7-25　写信

看到信件通知时就了解信件的中心内容,可以不填,在下方编辑区书写邮件正文。"抄送"和"秘送"文本框在一信寄往多处时,用来输入其他人的电子邮箱地址,地址不止一个时中间用逗号隔开。

当需要文件(如 DOC 文件,动画、声音等多媒体文件)不改变格式发往对方时,可以将其添加在附件中发送,操作步骤如下。

单击"添加附件"按钮,打开图 7-26 所示的页面,在"查找范围"下拉列表框中找到要发送的文件,选中后,单击"打开"按钮,就将该文件粘贴到附件中。如需发送多个文件,重复以上步骤,把所有的文件都添加到附件中。

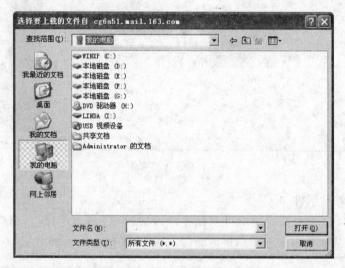

图 7-26 添加附件

3)发送与接收电子邮件

单击图 7-25 所示页面中的"发送"按钮可将写好的信发送出去,单击"收信"按钮,再单击"收件箱"可以查看接收到的信件。

7.5.2 知识技能点提炼

1. 电子邮件

电子邮件(electronic mail,简称 E-mail,标志:@,也被大家昵称为"伊妹儿")又称电子信箱、电子邮政,它是一种用电子手段提供信息交换的通信方式,是 Internet 应用最广的服务。通过网络的电子邮件系统,用户可以用非常低廉的价格,以非常快速的方式与世界上任何一个角落的网络用户联系,这些电子邮件可以是文字、图像、声音等各种方式。同时,用户可以得到大量免费的新闻、专题邮件,并实现轻松的信息搜索。这是任何传统的方式无法相比的。

正是由于电子邮件的使用简易、投递迅速、收费低廉,易于保存、全球畅通无阻,使得电子邮件被广泛地应用,它使人们的交流方式得到了极大的改变。电子邮件的数据发送方和接收方都是人,所以极大地满足了大量存在的人与人通信的需求。

2. 电子邮箱

在网络中,电子邮箱可以自动接收网络任何电子邮箱所发的电子邮件,并能存储规定大小的、多种格式的电子文件。电子邮箱具有单独的网络域名,其电子邮局地址在@后标注。

利用电子邮箱业务是一种基于计算机和通信网的信息传递业务,是利用电信号传递和存储信息的方式为用户提供传送电子信函、文件数字传真、图像和数字化语音等各类型的信息。

E-mail 像普通的邮件一样,也需要地址,它与普通邮件的区别在于它是电子地址。所有在 Internet 之上有信箱的用户都有自己的一个或几个 E-mail 地址,并且这些 E-mail 地址都是唯一的。邮件服务器就是根据这些地址,将每封电子邮件传送到各个用户的信箱中,E-mail 地址就是用户的信箱地址。

一个完整的 Internet 邮件地址由以下两个部分组成,格式如下:

登录名@主机名.域名

符号的左边是对方的登录名,右边是完整的主机名,它由主机名与域名组成。其中,域名由几部分组成,每一部分称为一个子域(Subdomain),各子域之间用圆点“.”隔开,每个子域都会告诉用户一些有关这台邮件服务器的信息。

7.6 知识扩展——网络信息交流

利用网络进行信息交流的途径还有即时通信、电子公告板等。

1. 即时通信服务

即时通信(IM)服务有时被简单地称为“网上聊天”软件,它可以在 Internet 上进行即时的文字信息、语音信息、视频信息等的交流,还可以传输各种文件。目前,即时通信服务在个人和企业中占据了越来越重要的地位。

即时通信软件分为服务器软件和客户端软件,普通用户只需要安装客户端软件。即时通信软件非常多,常用的主要有我国腾讯公司的 QQ 和美国微软公司的 MSN。QQ 目前主要用于在国内进行即时通信,而 MSN 可以用于国际 Internet 的即时通信,如图 7-27、图 7-28 所示。

腾讯 QQ 是由深圳市腾讯计算机系统有限公司开发的一款基于 Internet 的即时通信(IM)软件,使用 QQ 可以与好友进行即时交流,信息即时发送,即时回复,语音视频面对面聊天。此外,QQ 还具有与手机聊天、聊天室、共享文件、QQ 邮箱、发送贺卡等功能。QQ 是目前国内应用最广泛的中文即时通信软件。

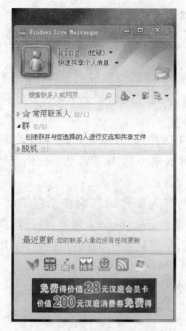

图 7-27　MSN 即时通信窗口　　　　　　图 7-28　QQ 即时通信窗口

2. 电子公告板

BBS(电子公告板系统,Bulletin Board System)用电子通信手段"张贴"各种公告和信息,通过 BBS,用户可随时获取国内外的最新信息、发布信息或提出看法,它为志趣相同的用户提供了一个公共论坛。

BBS 就像日常生活的黑板报,可以按不同的主题分成很多布告栏,布告栏是依据大多数 BBS 使用者的需求与喜好而设立的。使用者可以阅读他人关于某个主题的最新看法,可以将自己的看法贴到布告栏中去,同样也可以看到别人对你的观点发表的看法。如果需要私下进行交流的话,还可以将想"说"的话直接发到某人的邮箱中。

通过网络直接访问 BBS 的方法如下。

(1) 在 IE 地址栏中输入 BBS 地址,如 http://bbs.cunzone.com(中央民族大学 BBS论坛),按 Enter 键即会出现该论坛的界面。匿名登录只能阅读帖子,而不能发表帖子,发表帖子必须要注册。

(2) 在论坛中选择自己感兴趣的目录及喜欢的信息进行阅读。

本 章 小 结

本章主要介绍 Internet 的基本概念和功能,通过案例形式讲解在 Internet 上浏览网页、搜索信息、收发邮件、即时通信等的操作步骤和方法,这些方法是本章的重点内容,要求读者掌握并能熟练操作。

第 8 章 信息安全

本章学习目标

本章用 4 节的篇幅分别介绍信息安全概述、信息安全防御常用技术、计算机病毒及防治、网络道德及大学生网络行为规范。通过对本章的学习,读者应能基本做到以下几点:

- 了解信息安全的定义、特征,了解网络信息安全的现状及防御的途径;
- 了解信息安全防御常用技术;
- 了解计算机病毒的基本知识,掌握几种常用的防治方法;
- 从我做起,规范自己的网络道德和网络行为。

8.1 信息安全概述

信息安全是指信息网络的硬件、软件及其系统中的数据受到保护,不因偶然的或者恶意的原因而遭到破坏、更改、泄露,系统连续可靠正常地运行,信息服务不中断。

信息安全是一门涉及计算机科学、网络技术、通信技术、密码技术、信息安全技术、应用数学、数论、信息论等多种学科的综合性学科。

信息安全本身包括的范围很大,大到国家军事政治等机密安全,小到如防范商业企业机密泄露、防范青少年对不良信息的浏览、防范个人信息的泄漏等。网络环境下的信息安全体系是保证信息安全的关键,包括计算机安全操作系统、各种安全协议、安全机制(数字签名、信息认证、数据加密等),直至安全系统,其中任何一个安全漏洞便可以威胁全局安全。

8.1.1 信息安全的特征

网络信息系统是一个服务开放、信息共享的系统,因而网络信息安全具有如下特征。

1. 完整性

完整性指信息在传输、交换、存储和处理过程中保持非修改、非破坏和非丢失的特性,即保持信息原样性,使信息能正确生成、存储、传输,这是最基本的安全特征。

2. 保密性

保密性指信息按给定要求不泄漏给非授权的个人、实体或过程,或提供其利用的特性,即杜绝有用信息泄漏给非授权个人或实体,强调有用信息只被授权对象使用的特征。

3. 可用性

可用性指网络信息可被授权实体正确访问,并按要求能正常使用或在非正常情况下能恢复使用的特征,即在系统运行时能正确存取所需信息,当系统遭受攻击或破坏时,能迅速恢复并投入使用。可用性是衡量网络信息系统面向用户的一种安全性能。

4. 不可否认性

不可否认性指通信双方在信息交互过程中,确信参与者本身,以及参与者所提供的信息的真实同一性,即所有参与者都不可能否认或抵赖本人的真实身份,以及提供信息的原样性和完成的操作与承诺。

5. 可控性

可控性指对流通在网络系统中的信息及具体内容能够实现有效控制的特性,即网络系统中的任何信息要在一定传输范围和存放空间内可控。除了采用常规的传播站点和传播内容监控外,最典型的如密码的托管政策,当加密算法交由第三方管理时,必须严格按规定可控执行。

6. 不确定性和动态性

网络要接受来自内、外网不同身份、不同应用需求的用户的访问和使用,其安全受到多方面因素的制约和影响。

7. 综合性

网络信息安全并非是个单纯的技术层面的问题,它还涉及到内部管理、外部环境、用户水平等各个方面,必然要把每个环节紧密联系起来,统筹考虑。

8. 不易管理性

网络信息安全与"用户至上"是相互矛盾的。因此,网络信息安全与用户之间需要一个平衡,通过不同技术的控制手段和管理相互结合来实现最佳效果。

8.1.2 网络信息安全的现状

1. 计算机犯罪案件逐年递增

计算机犯罪对全球造成了前所未有的新威胁,犯罪学家预言未来信息化社会犯罪的形式将主要是计算机网络犯罪。我国自 1986 年深圳发生第一起计算机犯罪案件以来,计算机犯罪呈直线上升趋势,犯罪手段也日趋技术化、多样化,犯罪领域也不断扩展,许多传统犯罪形式在互联网上都能找到影子,而且其危害性已远远超过传统犯罪。计算机犯罪的犯罪主体大多是掌握了计算机和网络技术的专业人士,甚至一些原为计算机及网络技术和信息安全技术专家的职业人员也铤而走险,其所采用的犯罪手段则更趋专业化。他们洞悉网络的缺陷与漏洞,运用专业的计算机及网络技术,借助四通八达的网络,对网络及各种电子数据、资料等信息发动进攻,进行破坏。

2. 计算机病毒危害突出

计算机病毒是一种人为编制的程序,能在计算机系统运行的过程中自身精确地复制或有修改地复制到其他程序体内,给计算机系统造成某种故障或使其完全瘫痪,它具有传染性、隐蔽性、激发性、复制性、破坏性等特点。随着互联网的发展,计算机病毒的种类急剧增加,扩散速度大大加快,受感染的范围也越来越广。据粗略统计,全世界已发现的计算机病毒的种类有上万种,并且正以平均每月 300~500 种的速度疯狂增长。计算机病毒不仅通过 U 盘、硬盘传播,还可经电子邮件、下载文件、文件服务器、浏览网页等方式传播。近年来先后爆发的 CIH 病毒、爱虫病毒、求职信病毒、尼姆达病毒、熊猫烧香病毒等对网络造成的危害极大,许多网络系统遭病毒感染,服务器瘫痪,使网络信息服务无法开展,甚至于丢失了许多数据,造成了极大的损失。

3. 黑客攻击手段多样

网络空间是一个无疆界的、开放的领域,无论在什么时间,跨部门、跨地区、跨国界的网上攻击都可能发生。目前世界上有 20 多万个黑客网站,其攻击方法达几千种之多,每当一种新的攻击手段产生,便能在一周内传遍世界,对计算机网络造成各种破坏。在经济、金融领域,黑客通过窃取网络系统的口令和密码,非法进入网络金融系统,篡改数据、盗用资金,严重破坏了正常的金融秩序。在国家安全领域内,黑客利用计算机控制国家机密的军事指挥系统成为可能。

8.1.3　网络信息系统安全防御的途径

透过网络信息安全的现状,不难得出这样一个结论:无论国家、地方、企业、学校,乃至更小的局域网单元,保障网络信息安全是不容忽视的大问题。根据信息安全的特征,可以通过以下途径来进行安全防御。

1. 安装安全路由器

由于 WAN 连接需要专用的路由器设备,因而可通过路由器来控制网络传输。通常采用访问控制列表技术来控制网络信息流。

2. 使用虚拟专用网

虚拟专用网(VPN)是在公共数据网络上,通过采用数据加密技术和访问控制技术,实现两个或多个可信内部网之间的互联。VPN 的构筑通常都要求采用具有加密功能的路由器或防火墙,以实现数据在公共信道上的可信传递。

3. 配设安全服务器

安全服务器主要针对局域网内部信息存储、传输的安全保密问题，其实现功能包括对局域网资源的管理和控制，对局域网内用户的管理，以及对局域网中所有安全相关事件的审计和跟踪。

4. 设立电子签证机构——CA 和 PKI 产品

电子签证机构(CA)作为通信的第三方，为各种服务提供可信任的认证服务。CA 可向用户发行电子签证证书，为用户提供成员身份验证和密钥管理等功能。PKI 产品可以提供更多的功能和更好的服务，将成为计算基础结构的核心部件。

5. 建立安全管理中心

由于网上的安全产品较多，且分布在不同的位置，这就需要建立一套集中管理的机制和设备，即安全管理中心。它用来给各网络安全设备分发密钥，监控网络安全设备的运行状态，负责收集网络安全设备的审计信息等。

6. 使用入侵检测系统

入侵检测系统(IDS)作为传统保护机制(比如访问控制、身份识别等)的有效补充，形成了信息系统中不可或缺的反馈链。

7. 使用入侵防御系统

入侵防御系统(IPS)作为 IDS 很好的补充，是在信息安全发展过程中占据重要位置的计算机网络硬件。

8. 建立安全数据库

由于大量的信息存储在计算机数据库内，有些信息是有价值的，也是敏感的，需要保护。安全数据库可以确保数据库的完整性、可靠性、有效性、机密性、可审计性及存取控制与用户身份识别等。

9. 使用安全操作系统

安全操作系统给系统中的关键服务器提供安全运行平台，构成安全 WWW 服务、安全 FTP 服务、安全 SMTP 服务等，并作为各类网络安全产品的坚实底座，确保这些安全产品的自身安全。

8.2　信息安全防御常用技术

信息安全强调的是通过技术和管理手段，实现和保护信息在公用网络信息系统中传输、交换和存储流通的保密性、完整性、可用性、真实性和不可抵赖性。因此，当前采用的网络信息安全保护技术主要有两种：主动防御技术和被动防御技术。

主动防御保护技术一般采用数据加密、身份鉴别、存取控制、权限设置和虚拟专用网络等技术来实现。被动防御保护技术主要有防火墙技术、入侵检测系统、安全扫描器、口令验证、审计跟踪、物理保护及安全管理等。

下面详细介绍几种信息安全防御常用技术。

8.2.1 防火墙技术

1. 防火墙的定义

防火墙，英语为 firewall，《英汉证券投资词典》的解释为：金融机构内部将银行业务与证券业务严格区分开来的法律屏障，旨在防止可能出现的内幕消息共享等不公平交易。使用防火墙比喻不要引火烧身。

今天人们所说的防火墙，就某种意义上可以说是一种访问控制产品，指的是一个由软件和硬件设备组合而成、在内网和外网之间、专用网与公共网之间的界面上构造的一道保护屏障，是一种获取安全性方法的形象说法，它使 Internet 与 Intranet 之间建立起一个安全网关(Security Gateway)，从而防止发生不可预测的、潜在破坏性的侵入。它通过监测、限制、更改跨越防火墙的数据流，尽可能地对外部屏蔽网络内部的信息、结构和运行状况，以此来实现网络的安全保护。

防火墙的主要作用是定义了一个瓶颈，通过它把未授权用户排除在受保护的网络外，禁止脆弱的服务进入或离开网络，防止各种 IP 盗用和路由攻击，同时还可以提供必要的服务。

防火墙主要由服务访问规则、验证工具、包过滤和应用网关 4 个部分组成。防火墙主要技术有包过滤技术，应用网关技术，代理服务技术。

2. 防火墙的类型

防火墙主要有两大类，即网络层防火墙和应用层防火墙。这两类防火墙可以单独使用，也可以重叠使用。目前，大都同时使用。

1) 网络层防火墙

网络层防火墙可视为一种 IP 封包过滤器，运作在底层的 TCP/IP 协议堆栈上。可以以枚举的方式，只允许符合特定规则的封包通过，其余的一概禁止穿越防火墙。这些规则通常可以经由管理员定义或修改，不过某些防火墙设备可能只能套用内置的规则。也能以另一种较宽松的角度来制定防火墙规则，只要封包不符合任何一项"否定规则"就予以放行。现在的操作系统及网络设备大多已内置防火墙功能。

较新的防火墙能利用封包的多样属性来进行过滤，例如，源 IP 地址、源端口号、目的 IP 地址或目的端口号、服务类型(如 WWW 或是 FTP)。也能经由通信协议、TTL 值、源网域名称或网段等属性来进行过滤。

2）应用层防火墙

应用层防火墙是在 TCP/IP 协议堆栈的应用层上运作，用户使用浏览器或 FTP 时所产生的数据流都是属于这一层。应用层防火墙可以拦截进出某应用程序的所有封包（通常是直接将封包丢弃），并且封锁其他的封包。理论上，这一类防火墙可以完全杜绝外部的数据流进到受保护的机器里。

防火墙借由监测所有的封包并找出不符规则的内容，可以防范计算机蠕虫或是木马程序的快速蔓延。不过就实现而言，这个方法既烦且杂（软件有千万种），所以大部分的防火墙都不会考虑以这种方法设计。

3. 防火墙的功能

1）防火墙是网络安全的屏障

防火墙（作为阻塞点、控制点）能极大地提高内部网络的安全性，并通过过滤不安全的服务而降低风险。由于只有经过精心选择的应用协议才能通过防火墙，所以网络环境变得更安全。如防火墙可以禁止诸如众所周知的不安全的 NFS 协议进出受保护网络，这样外部的攻击者就不可能利用这些脆弱的协议来攻击内部网络。防火墙同时可以保护网络免受基于路由的攻击，如 IP 选项中的源路由攻击和 ICMP 重定向中的重定向路径。防火墙几乎可以拒绝所有以上类型攻击的报文并通知防火墙管理员。

2）防火墙可以强化网络安全策略

通过以防火墙为中心的安全方案配置，能将所有安全软件（如口令、加密、身份认证、审计等）配置在防火墙上。与将网络安全问题分散到各个主机上相比，防火墙的集中安全管理更经济。例如在访问网络时，一次一密口令系统和其他身份认证系统完全可以不必分散在各个主机上，而集中在防火墙上。

3）防火墙可以对网络存取和访问进行监控审计

如果所有的访问都经过防火墙，那么，防火墙就能记录下这些访问并作出日志记录，同时也能提供网络使用情况的统计数据。当发生可疑动作时，防火墙能进行适当的报警，并提供网络是否受到监测和攻击的详细信息。另外，收集一个网络的使用和误用情况也是非常重要的。理由是可以清楚防火墙是否能够抵挡攻击者的探测和攻击，并且清楚防火墙的控制是否充足。而网络使用的统计对网络需求分析和威胁分析等而言也是非常重要的。

4）防火墙可以防止内部信息的外泄

通过利用防火墙对内部网络的划分，可实现内部网重点网段的隔离，从而限制局部重点或敏感网络安全问题对全局网络造成的影响。再者，隐私是内部网络非常关心的问题，内部网络中一个不引人注意的细节可能包含了有关安全的线索而引起外部攻击者的兴趣，甚至因此而暴露了内部网络的某些安全漏洞。使用防火墙就可以隐蔽那些透露内部的细节如 Finger，DNS 等服务。Finger 显示了主机所有用户的注册名、真名，最后登录时间和使用 shell 类型等，Finger 显示的信息非常容易被攻击者所获悉。攻击者可以知道一个系统使用的频繁程度，这个系统是否有用户正在连线上网，这个系统是否在被攻击等。防火墙同样可以阻塞有关内部网络的 DNS 信息，这样一台主机的域名和 IP 地址就不会被外界所了解。

总之,防火墙能够较为有效地防止黑客利用不安全的服务对内部网络的攻击,并且能够实现数据流的监控、过滤、记录和报告功能,较好地隔断内部网络与外部网络的连接。但它本身可能存在安全问题,也可能会是一个潜在的瓶颈。

8.2.2 认证技术

认证是防止主动攻击的重要技术,它对保护开放环境中各种消息系统的安全有重要作用,认证的主要目的有两个:①验证信息发送者的真伪;②验证信息的完整性,保证信息在传送过程中未被篡改、重放或延迟等。

目前有关认证的主要技术有消息认证、身份认证和数字签名。消息认证和身份认证在通信双方利害一致的条件下防止第三者伪装和破坏。数字签名能够防止他人冒名进行信息发送和接收,以及防止本人事后否认已进行过的发送和接收活动,数字签名使用的是公钥密码技术(RSA)的非对称加密法,安全性很高。

由于 IC 卡技术的日益成熟和完善,IC 卡被更为广泛地用于用户认证产品中,用来存储用户的个人私钥,并与其他技术(如动态口令)相结合,对用户身份进行有效的识别。同时,还可利用 IC 卡上的个人私钥与数字签名技术结合,实现数字签名机制。随着模式识别技术的发展,诸如指纹、视网膜、脸部特征等高级的身份识别技术也将投入应用,并与数字签名等现有技术结合,必将使得对于用户身份的认证和识别更趋完善。

8.2.3 信息加密技术

信息加密技术是实现信息存储和传输保密性的一种重要手段,其目的是保护信息系统的数据、文件、口令和控制信息等,同时也可以提高网络中传输数据的可靠性,这样,即使黑客截获了网络中的信息包,一般也无法得到正确的信息。

信息加密技术的方法有对称密钥加密和非对称密钥加密,两种方法各有所长,可以结合使用,互补长短。对称密钥加密,加密解密速度快、算法易实现、安全性好,缺点是密钥长度短、密码空间小、"穷举"方式进攻的代价小。非对称密钥加密,容易实现密钥管理,便于数字签名,缺点是算法较复杂,加密解密花费时间长。

信息加密技术中的另一个重要问题是密钥管理,主要考虑密钥设置协议、密钥分配、密钥保护、密钥产生及进入等方面的问题。

8.2.4 访问控制技术

访问控制技术是网络安全防范和保护的主要策略,它的主要任务是保证网络资源不被非法使用和访问。它是保证网络安全最重要的核心策略之一。访问控制涉及的技术也比较多,包括入网访问控制、网络权限控制、目录级控制以及属性控制等多种手段。

1．入网访问控制

入网访问控制为网络访问提供了第一层访问控制。它控制哪些用户能够登录到服务器并获取网络资源，控制准许用户入网的时间和准许他们在哪台工作站入网。用户的入网访问控制可分为3个步骤：用户名的识别与验证、用户口令的识别与验证、用户账号的默认限制检查。3道关卡中只要任何一关未过，该用户便不能进入该网络。

2．权限控制

网络的权限控制是针对网络非法操作所提出的一种安全保护措施。用户和用户组被赋予一定的权限。网络控制用户和用户组可以访问哪些目录、子目录、文件和其他资源，可以指定用户对这些文件、目录、设备能够执行哪些操作。受托者指派和继承权限屏蔽（IRM）可作为两种实现方式。受托者指派控制用户和用户组如何使用网络服务器的目录、文件和设备。继承权限屏蔽相当于一个过滤器，可以限制子目录从父目录那里继承哪些权限。

可以根据访问权限将用户分为以下几类：特殊用户（即系统管理员）、一般用户（系统管理员根据他们的实际需要为他们分配操作权限）、审计用户（负责网络的安全控制与资源使用情况的审计）。用户对网络资源的访问权限可以用访问控制表来描述。

3．目录级安全控制

网络应允许控制用户对目录、文件、设备的访问。用户在目录一级指定的权限对所有文件和子目录有效，用户还可进一步指定对目录下的子目录和文件的权限。对目录和文件的访问权限一般有8种：系统管理员权限、读权限、写权限、创建权限、删除权限、修改权限、文件查找权限和访问控制权限。

用户对文件或目录的有效权限取决于以下两个因素：用户的受托者指派、用户所在组的受托者指派和继承权限屏蔽取消的用户权限。网络管理员应当为用户指定适当的访问权限，这些访问权限控制着用户对服务器的访问。

4．属性安全控制

当使用文件、目录和网络设备时，网络系统管理员应给文件、目录等指定访问属性。属性安全在权限安全的基础上提供更进一步的安全性。网络上的资源都应预先标出一组安全属性。用户对网络资源的访问权限对应一张访问控制表，属性设置可以覆盖已经指定的任何受托者指派和有效权限。属性往往能控制以下几个方面的权限：向某个文件写数据、复制一个文件、删除目录或文件、查看目录和文件、执行文件、隐含文件、共享、系统属性等。

5．服务器安全控制

网络允许在服务器控制台上执行一系列操作。用户使用控制台可以装载和卸载模块，可以安装和删除软件。网络服务器的安全控制包括可以设置口令锁定服务器控制台，以防止非法用户修改、删除重要信息或破坏数据；可以设定服务器登录时间限制、非法访问者检测和关闭的时间间隔。

8.3　计算机病毒及防治

8.3.1　计算机病毒的基本知识

1．计算机病毒的定义

计算机病毒(Computer Virus)，在《中华人民共和国计算机信息系统安全保护条例》中被明确定义，病毒指"编制或者在计算机程序中插入的破坏计算机功能或者破坏数据，影响计算机使用并且能够自我复制的一组计算机指令或者程序代码"。而在一般教科书及通用资料中被定义为：利用计算机软件与硬件的缺陷，由被感染机内部发出的破坏计算机数据并影响计算机正常工作的一组指令集或程序代码。

2．计算机病毒的产生

病毒不是源于突发或偶然的原因。一次突发的停电和偶然的错误，会在计算机的磁盘和内存中产生一些乱码和随机指令，但这些代码是无序和混乱的，病毒则是一种比较完美的，精巧严谨的代码，按照严格的秩序组织起来，与所在的系统网络环境相适应和配合。病毒不会偶然形成，并且需要有一定的长度，这个基本的长度从概率上来讲是不可能通过随机代码产生的。现在流行的病毒是人为故意编写的，多数病毒可以找到作者和产地信息。

3．计算机病毒的特点

1）寄生性

计算机病毒寄生在其他程序之中，当执行这个程序时，病毒就起破坏作用，而在未启动这个程序之前，它是不易被人发觉的。

2）传染性

计算机病毒不但本身具有破坏性，更有害的是具有传染性，一旦病毒被复制或产生变种，其传播速度之快令人难以预防。计算机病毒会通过各种渠道从已被感染的计算机扩散到未被感染的计算机，在某些情况下造成被感染的计算机工作失常甚至瘫痪。是否具有传染性是判别一个程序是否为计算机病毒的最重要的条件。病毒程序通过修改磁盘扇区信息或文件内容并把自身嵌入到其中的方法实现传染和扩散。被嵌入的程序叫做宿主程序。

3）潜伏性

有些病毒像定时炸弹一样，让它什么时间发作是预先设计好的。比如黑色星期五病毒，不到预定时间一点都觉察不出来，等到条件具备的时候一下子就爆炸开来，对系统进行破坏。潜伏性的第一种表现是病毒程序不用专用检测程序是检查不出来的,因此病毒可以静静地躲在磁盘或磁带里呆上几天,甚至几年,一旦时机成熟,得到运行机会,就要四处繁殖、扩散,继续为害。潜伏性的第二种表现是计算机病毒的内部往往有一种触发机制,不满足触发条件时,计算机病毒除了传染外不做什么破坏。触发条件一旦得到满足,有的在屏幕上显示信息、图形或特殊标识,有的则执行破坏系统的操作,如格式化磁盘、删除磁盘文件、对数据文件加密、封锁键盘以及使系统死锁等。

4) 隐蔽性

计算机病毒具有很强的隐蔽性,有的可以通过病毒软件检查出来,有的根本查不出来,有的时隐时现、变化无常,这类病毒处理起来通常很困难。

5) 破坏性

计算机中毒后,可能会导致正常的程序无法运行,把计算机内的文件删除或受到不同程度的损坏。通常表现为增、删、改、移。

6) 可触发性

因某个事件或数值的出现,诱使病毒实施感染或进行攻击的特性称为可触发性。为了隐蔽自己,病毒必须潜伏,少做动作。如果完全不动,一直潜伏的话,病毒既不能感染也不能进行破坏,便失去了杀伤力。病毒既要隐蔽又要维持杀伤力,它必须具有可触发性。病毒的触发机制就是用来控制感染和破坏动作的频率的。病毒具有预定的触发条件,这些条件可能是时间、日期、文件类型或某些特定数据等。病毒运行时,触发机制检查预定条件是否满足,如果满足,启动感染或破坏动作,使病毒进行感染或攻击;如果不满足,使病毒继续潜伏。

4. 计算机病毒的表现形式

由于病毒程序设计的不同,病毒的表现形式往往千奇百怪,没有一定的规律。以下现象是病毒常有的表现形式。

1) 不正常的信息

系统文件的时间、日期、大小发生变化。病毒感染文件后,会将自身隐藏在原文件后面,文件大小大多会增大,文件的修改日期也会被改成感染时的时间。

2) 系统不能正常操作

硬盘灯不断闪烁。硬盘灯闪烁说明有磁盘读写操作,若用户当前没有对硬盘进行读写操作,这有可能是病毒在对硬盘写入垃圾文件,或反复读取某个文件。

3) Windows 桌面图标发生变化

把 Windows 桌面的默认图标改成其他图标,或将应用程序的图标改成 Windows 默认图标,达到迷惑用户的目的。

4) 文件目录发生混乱

例如,破坏系统目录结构,将系统目录扇区作为普通扇区,填写一些无意义的数据。

5) 用户不能正常操作

经常发生内存不足的错误。某个以前能够正常运行的程序,在当前启动时报告系统内存不足;或在使用程序的某个功能时报告内存不足。这是病毒驻留后占用系统大量内存空间的结果。

6）数据文件破坏

有些病毒在发作时会删除或破坏硬盘上的文档，造成数据丢失。有些病毒利用加密算法，将加密密钥保存在病毒程序体内或其他隐藏的地方，被感染的文件被加密。

7）无故死机或重启

计算机经常性无缘无故地死机。有些病毒在感染了计算机系统后，将自身驻留在系统内并修改中断处理程序等，引起系统工作不稳定。

8）操作系统无法启动

有些病毒被激发后，会修改硬盘引导扇区的关键内容（如主引导记录、文件分配表等），使得硬盘无法启动，甚至删除或者破坏系统文件，使得计算机系统无法正常启动。

9）运行速度变慢

在硬件设备没有损坏或更换的情况下，原本运行速度很快的计算机，当前速度明显变慢，而且重启计算机后依然很慢。这可能是病毒占用了大量的系统资源，并且自身的运行占用了大量的处理器时间，造成系统资源不足，正常程序载入时间比平常久，运行变慢。

10）磁盘可利用空间突然减少

在用户没有增加文件的正常情况下，硬盘空间应维持一个固定的大小。但有些病毒会疯狂地进行传染繁殖，造成硬盘可用空间减小。

11）网络服务不正常

表现为自动发送电子邮件。大多数电子邮件病毒都采用自动发送的方法作为病毒传播手段，也有些病毒在某一特定时刻向邮件服务器发送大量无用的电子邮件，以达到阻塞该邮件服务器的正常服务功能的目的，并造成网络瘫痪。

5. 计算机病毒的分类

根据多年对计算机病毒的研究，按照科学的、系统的、严密的方法，计算机病毒可以根据如下的属性进行分类。

1）按照计算机病毒存在的媒体进行分类

根据病毒存在的媒体，病毒可以划分为网络病毒、文件病毒和引导型病毒。

（1）网络病毒通过计算机网络传播感染网络中的可执行文件。

（2）文件病毒感染计算机中的文件（如 COM、EXE、DOC 等）。

（3）引导型病毒感染启动扇区（Boot）和硬盘的系统引导扇区（MBR）。

（4）还有这 3 种情况的混合型，例如：多型病毒（文件和引导型）感染文件和引导扇区两种目标，这样的病毒通常都具有复杂的算法，它们使用非常规的办法侵入系统，同时使用加密和变形算法。

2）按照计算机病毒传染的方法进行分类

根据病毒传染的方法可分为驻留型病毒和非驻留型病毒。

（1）驻留型病毒感染计算机后，把自身的内存驻留部分放在内存（RAM）中，这一部分程序挂接系统调用并合并到操作系统中，它处于激活状态，一直到关机或重新启动。

（2）非驻留型病毒在得到机会激活时并不感染计算机内存，一些病毒在内存中留有小部分,但是并不通过这一部分进行传染,这类病毒也被划分为非驻留型病毒。

3)根据病毒破坏的能力进行分类

根据病毒破坏的能力可划分为无害型、无危险型、危险型和非常危险型病毒。

(1)无害型病毒除了传染时减少磁盘的可用空间外,对系统没有其他影响。

(2)无危险型病毒仅仅是减少内存、显示图像、发出声音及同类音响。

(3)危险型病毒在计算机操作系统中造成严重的错误。

(4)非常危险型病毒删除程序、破坏数据、清除系统内存区和操作系统中重要的信息。这些病毒对系统造成的危害,并不是本身的算法中存在危险的调用,而是当它们传染时会引起无法预料的和灾难性的破坏。

由病毒引起其他程序产生的错误也会破坏文件和扇区,这些病毒也按照它们的破坏能力划分。一些现有的无害型病毒也可能会对新版的 DOS、Windows 和其他操作系统造成破坏。

4)根据病毒特有的算法进行分类

根据病毒特有的算法,可以将病毒分为伴随型病毒、"蠕虫"型病毒、寄生型病毒、诡秘型病毒和变型病毒。

(1)伴随型病毒不改变文件本身,它们根据算法产生 EXE 文件的伴随体——具有同样的文件名、不同的扩展名(COM)。例如,XCOPY. EXE 的伴随体是 XCOPY. COM。病毒把自身写入 COM 文件并不改变 EXE 文件,当 DOS 加载文件时,伴随体优先被执行到,再由伴随体加载执行原来的 EXE 文件。

(2)"蠕虫"型病毒通过计算机网络传播,不改变文件和资料信息,利用计算网络地址,将自身的病毒通过网络发送出去,从一台机器的内存传播到其他机器的内存。有时它们在系统中存在,一般除了内存不占用其他资源。

(3)除了伴随型和"蠕虫"型,其他病毒均可称为寄生型病毒,它们依附在系统的引导扇区或文件中,通过系统的功能进行传播。

(4)诡秘型病毒一般不直接修改 DOS 中断和扇区数据,而是通过设备技术和文件缓冲区等对 DOS 内部进行修改,不易看到资源,使用比较高级的技术。利用 DOS 空闲的数据区进行工作。

(5)变型病毒又称幽灵病毒。这一类病毒使用复杂的算法,使自己每传播一份都具有不同的内容和长度。它们一般由一段混有无关指令的解码算法和被变化过的病毒体组成。

6. 计算机病毒的传染途径

计算机病毒之所以称为病毒是因为其具有传染性。病毒的传染渠道通常有以下几种。

1)通过移动盘

通过使用外界被感染的移动盘,例如,不同渠道来的系统盘、来历不明的软件、游戏盘等,是最普遍的传染途径。目前,由于计算机技术的发展,软盘已经很少使用,因此这一类病毒已转向感染可移动的存储设备,如移动硬盘、U 盘、mp3、mp4、手机等。

2）通过硬盘

通过硬盘传染也是重要的渠道,由于带有病毒的机器移到其他地方使用、维修等,将病毒传染并再扩散。

3）通过光盘

因为光盘容量大,存储了海量的可执行文件,大量的病毒就有可能藏身于光盘,对只读式光盘,不能进行写操作,因此光盘上的病毒不能清除。以谋利为目的的非法盗版软件的制作过程中,不可能为病毒防护担负专门责任,也决不会有真正可靠可行的技术避免病毒的传入、传染、流行和扩散。当前,盗版光盘的泛滥给病毒的传播带来了很大的便利。

4）通过网络

这种传染扩散极快,能在很短时间内传遍网络上的所有计算机。现代通信技术的巨大进步已使空间距离不再遥远,正所谓"相隔天涯,如在咫尺",但也为计算机病毒的传播提供了新的"高速公路"。而且,随着 Internet 的发展,病毒的传播更加迅猛,反病毒的任务更加艰巨。

5）通过电子布告栏

电子布告栏(BBS)是由计算机爱好者自发组织的通讯站点,用户可以在 BBS 上进行文件交换(包括自由软件、游戏、自编程序)。由于 BBS 站一般没有严格的安全管理,亦无任何限制,这样就给一些病毒程序的编写者提供了传播病毒的场所。各城市的 BBS 站间通过中心站进行传送,传播面较广。

8.3.2 计算机病毒的防治

1. 在思想上重视,加强管理,从源头防止病毒的入侵

要做到这一点,应该注意以下几点。

(1) 尽量使用带有写保护的存储设备。

(2) 重要资料,必须备份。

(3) 尽量避免在无防毒软件的计算机上使用可移动储存介质。

(4) 使用新软件、新存储设备时,先用扫毒程序检查,可减少中毒的机会。

(5) 准备一份具有杀毒及保护功能的软件,将有助于杜绝病毒。

(6) 若硬盘资料遭到破坏,不必急着格式化,因病毒不可能在短时间内将全部硬盘资料破坏,故可利用杀毒软件加以分析,恢复至受损前状态。

(7) 不要在互联网上随意下载软件,不要贪图免费软件,如果实在需要,请在下载后用杀毒软件彻底检查。

(8) 不要轻易打开电子邮件的附件。近年来造成大规模破坏的许多病毒,都是通过电子邮件传播的。不要以为只打开熟人发送的附件就一定保险,有的病毒会自动检查受害人计算机上的通讯录并向其中的所有地址自动发送带毒文件。最妥当的做法,是先将附件保存下来,不要打开,先用查毒软件彻底检查。

2. 采用有效的查毒与杀毒软件

所有杀毒软件要解决的首要任务是实时监控和扫描磁盘,发现文件是否被病毒感染;其次是消、杀扫描出来的病毒。

杀毒软件的实时监控和扫描磁盘方式因软件而异。

有的杀毒软件,是通过在内存里划分一部分空间,将计算机里流过内存的数据与杀毒软件自身所带的病毒库(包含病毒定义)的特征码相比较,以判断是否为病毒;有的杀毒软件则在所划分到的内存空间里面,虚拟执行系统或用户提交的程序,根据其行为或结果作出判断;还有部分杀毒软件通过在系统中添加驱动程序的方式,进驻系统,并且随操作系统的启动而启动,大部分的杀毒软件还具有防火墙功能。

目前常用的查杀毒软件有瑞星、诺顿(Norton AntiVirus)、卡巴斯基(Kaspersky)、江民、金山毒霸、赛门铁克(Symantec)、迈克菲等。

总之,杀毒软件为计算机的安全使用提供了可能。但是要记住一点:杀毒软件是永远滞后于计算机病毒的!

3. 要预防为主

从本质上讲,杀毒软件是一种亡羊补牢的软件,杀毒软件要做到预防全部的未知病毒几乎是不可能的。因此,从技术的层面上预防计算机病毒应该做到以下几点。

(1) 杀毒软件经常更新,以快速检测到可能入侵计算机的新病毒或者变种。

(2) 使用安全监视软件(与杀毒软件不同,比如 360 安全卫士、瑞星卡卡),主要防止浏览器被异常修改,插入钩子,安装不安全的恶意的插件。

(3) 使用防火墙或者杀毒软件自带的防火墙。

(4) 关闭自动播放功能,并对计算机和移动储存工具进行常见病毒免疫。

(5) 定时进行全盘病毒扫描。

(6) 注意网址的正确性,避免进入山寨网站。

8.3.3 恶意软件的防治

1. 恶意软件的定义

恶意软件是指故意在计算机系统中执行恶意任务的病毒、蠕虫和特洛伊木马程序。

网络用户在浏览一些恶意网站,或者从不安全的站点下载游戏或其他程序时,往往会连同恶意程序一并带入自己的计算机,而用户本人对此丝毫不知情。直到有恶意广告不断弹出或色情网站自动出现时,用户才有可能发觉计算机已"中毒"。在恶意软件未被发现的这段时间,用户网上的所有敏感资料都有可能被盗走,比如银行账户信息,信用卡密码等。

这些让受害者的计算机不断弹出色情网站或者是恶意广告的程序就叫做恶意软件,又称作流氓软件。

中国互联网协会 2006 年 11 月公布的恶意软件定义为：恶意软件是指在未明确提示用户或未经用户许可的情况下,在用户计算机或其他终端上安装、运行,侵害用户合法权益的软件,但不包含法律法规规定的计算机病毒。

2. 恶意软件的特征

具有下列特征之一的软件可以被认为是恶意软件。

(1)强制安装。指未明确提示用户或未经用户许可,在用户计算机或其他终端上安装软件的行为。

(2)难以卸载。指未提供通用的卸载方式,或在不受其他软件影响、人为破坏的情况下,卸载后仍然有活动程序的行为。

(3)浏览器劫持。指未经用户许可,修改用户浏览器或其他相关设置,迫使用户访问特定网站或导致用户无法正常上网的行为。

(4)广告弹出。指未明确提示用户或未经用户许可,利用安装在用户计算机或其他终端上的软件弹出广告的行为。

(5)恶意收集用户信息。指未明确提示用户或未经用户许可,恶意收集用户信息的行为。

(6)恶意卸载。指未明确提示用户、未经用户许可,或误导、欺骗用户卸载其他软件的行为。

(7)恶意捆绑。指在软件中捆绑已被认定为恶意软件的行为。

(8)其他侵害用户软件安装、使用和卸载知情权、选择权的恶意行为。

3. 恶意软件的类型

目前,越来越多的恶意软件直接利用操作系统或应用程序的漏洞进行攻击,进行自我传播,而不再像病毒那样需要依附于某个程序。服务器主机和网络设施越来越多地成为恶意软件的攻击目标。

恶意软件的数量和类型繁多,大致可以分为以下几个类型。

1)特洛伊木马程序

特洛伊木马程序简称木马程序,一般被用来进行远程控制。木马程序是一个独立的程序,通常不传染其他文件,它的目的是干扰用户的工作或系统的正常运行,实现非授权的网络访问。

恶意的木马程序通常伪装成可以执行的电子邮件、下载文件、免费软件、游戏、贺卡等。木马通过网络传送给用户,然后引诱用户进行安装。而黑客则是通过系统软件的漏洞,主动将木马安装在用户计算机上。木马还可能在系统中提供后门,使黑客可以窃取用户数据或更改用户主机设置。木马一般会通过修改注册表的启动项,或修改打开文件的关联而获得运行机会。

2)蠕虫

蠕虫使用自行传播的恶意代码,它可以通过网络连接自动将其自身从一台计算机分发到另一台计算机上。蠕虫会执行有害操作,例如,消耗网络或本地系统资源,这样可能会导致拒绝服务攻击。某些蠕虫无须用户干预即可执行和传播,而其他蠕虫则需用户直接执行蠕虫代码才能传播。除了复制,蠕虫也可能传递负载。

3)逻辑炸弹

逻辑炸弹是以破坏数据和应用程序为目的的恶意软件程序。它一般由组织内部有不满情绪的雇员或黑客植入,当某种条件被满足时,它就会发作。通常,逻辑炸弹对操作系统和用户数据有很大的破坏作用。

4)破解和嗅探程序

口令破解、网络嗅探和网络漏洞扫描是黑客经常使用的恶意软件程序,它们在取得非法的资源访问权限后,进行隐蔽的攻击。

5)键盘记录程序

某些用户或企、事业单位使用键盘记录程序监视操作者的使用过程,防止所属人员不适当地使用资源,或者收集犯罪证据。黑客常使用这种程序进行信息刺探和网络攻击。

6)垃圾邮件

垃圾邮件是指那些未经用户同意的、用于某些产品广告的电子邮件。垃圾邮件除了增加邮件服务器的负担外,自身不能复制或对用户计算机系统产生危害。目前,互联网上垃圾邮件数量的飞速增加已经成为一个公害问题。

7)广告软件

广告软件通常与一些免费软件结合在一起,用户如果希望使用某个免费软件,就必须同意接受免费软件中的广告,这些广告软件通常在用户许可协议中进行说明。广告软件虽然不会影响系统功能,但是,弹出的广告常常令人厌烦。另外,有些用户可能并没有完全阅读或理解许可协议中的条款,这些广告软件会收集用户的一些信息,可能导致用户的隐私泄露。

8)跟踪软件

跟踪软件也称为间谍软件,它往往与商业软件有关。有些商业软件在安装到用户计算机时,未经用户授权就通过 Internet 进行连接,让用户软件与开发商软件进行通信。跟踪软件可以用来在后台记录下所有用户的活动,比如网站访问、程序运行、网络聊天记录、键盘输入用户名和密码、桌面截屏快照等。有的则可以截取所有的用户名、密码、域、电话号码等。只要上网一段时间,就会有很多跟踪软件悄悄隐藏在用户的系统里。

4. 恶意软件的攻击行为

有时,用户在执行某些操作(如复制文件)时,恶意软件会触发执行;有些恶意软件会自动触发执行;还有些恶意软件会定时执行操作。一旦恶意软件被触发,它通常会执行以下操作。

1)后门

这种类型的负载允许对计算机进行未经授权的访问。它可能提供完全访问权限,例如,通过微机上的网络端口 21 启用文件传输协议(FTP)服务。

2)数据破坏或删除

最具破坏性的负载是删除数据的恶意软件。这些恶意软件的编写者通常采用两种方法：一种是将负载设计为快速执行,它具有破坏性,但很容易被杀毒软件发现;另外一种是在感染的微机中以木马的形式保留一段时间,从而使用户警觉不到它的存在。

3）信息窃取

信息窃取是一种特别令人担心的恶意行为,它提供一种将用户信息(如用户名和密码)传回给恶意软件作者的机制。另一种机制是在用户计算机上提供一个后门,使攻击者可以远程控制用户计算机,或直接截取用户计算机的文件。

4）拒绝服务

这是一种最简单的攻击行为,它使网络服务器超负荷或停止网络服务,其目的是使特定服务在一段时间内不可用。

5）带宽占用

Internet 的大多数服务器都是通过带宽有限的网络进行传输,如果恶意软件使用虚假的负载填满网络带宽,会使合法用户无法连接到 Internet 中。

6）邮件炸弹

攻击者使用某个巨型邮件发送到用户邮箱中,试图中断合法用户的电子邮件程序或使接收者无法再收到其他信息。

5. 恶意软件的防治

因为恶意软件由多种威胁组成,所以需要采取多处方法和技术来保卫系统。如采用防火墙来过滤潜在的破坏性代码,采用垃圾邮件过滤器、入侵检测系统、入侵防御系统等来加固网络,加强对破坏性代码的防御能力。

除了技术手段之外,计算机用户还应当采取措施防止恶意软件在网络内传播。

（1）正确使用电子邮件和 Web。

（2）禁止或监督非 Web 源的协议在企业、校园网络内使用。如禁止或限制即时通信及端到端的协议进入企业或校园网络,这些正是僵尸等恶意软件得以通信和传播的工具。

（3）确保在所有的桌面系统和服务器上安装最新的浏览器、操作系统、应用程序补丁,并确保垃圾邮件和浏览器的安全设置达到适当水平。

（4）确保安装的所有软件安全,及时更新并且使用最新的病毒数据库。

（5）不要授权普通用户使用管理员权限,特别要注意不要让其下载和安装设备驱动程序,因为这正是许多恶意软件乘虚而入的方式。

（6）制定处理恶意事件的策略,在多个部门组建可实现协调响应职责并能够定期执行安全培训的团队。

8.3.4　黑客攻击的防治

1. 黑客的定义

黑客最早源自英文 Hacker,早期在美国的计算机界是带有褒义的,原指热心于计算机技术,专门研究、发现计算机和网络漏洞,水平高超的计算机专家,尤其是程序设计人员。他们伴随着计算机和网络的发展而成长。例如,System Hacker 熟悉操作系统的设计与维护;Password Hacker 精于找出使用者的密码;Computer Hacker 则是通晓计算机,可让计算机乖乖听话的高手。

最初的黑客不干涉政治,不受政治利用,他们的出现推动了计算机和网络的发展与完善。黑客所做的不是恶意破坏,他们是一群纵横于网络上的大侠,追求共享、免费,提倡自由、平等。黑客的存在是由于计算机技术的不健全,从某种意义上来讲,计算机的安全需要更多的黑客去维护。借用 myhk 的一句话,"黑客存在的意义就是使网络变得日益安全完善"。

但是到了今天,黑客一词已经被用于那些专门利用计算机进行破坏或入侵他人的代言词,对这些人正确的叫法应该是 Cracker,有人也翻译成"骇客",也正是由于这些人的出现玷污了"黑客"一词,使人们把黑客和骇客混为一体,黑客被人们认为是在网络上进行破坏的人。

黑客和骇客根本的区别是:黑客们建设,而骇客们破坏。

2. 黑客攻击的类型及防御策略

网络安全威胁可以分为无意失误和恶意攻击,恶意攻击是网络面临的最大威胁。黑客对网络安全的攻击有被动攻击和主动攻击两种,经常出现的口令失密属于被动攻击,而流量攻击、DoS 攻击、IP 地址欺骗等属于主动攻击。

1) 用户名/口令失密

在网络中,经常使用拨号线路进行连网,拨号线路一般采用 PPP 协议,PPP 需要用户名、口令认证。如果用户名、口令丢失,其他用户就可以伪装成这个用户登录内部网络。对于口令失密的情况,可以采用 CallBack(回呼)技术解决。通过 CallBack,可以保证是与设定的对方进行通信。

2) 流量攻击

流量攻击是指攻击者发送大量无用报文占用带宽,使得网络业务不能正常开展。例如,接入到城域网中的链路带宽是 10Mb/s,而上行到网络中心采用 DDN(如 2M 的线路),则有可能接收到来自城域网的大量无用报文,使正常业务报文的发送受到阻碍,因此必须采用访问控制技术来限制非法报文。

3) 拒绝服务攻击

拒绝服务(DoS)攻击是指攻击者为达到阻止合法用户对网络资源访问的目的,而采取的一种攻击手段。流量攻击也属于拒绝服务攻击的一种。如 SYN Flooding(同步洪水)攻击,该攻击以多个随机的源主机地址,向目的主机发送大量的请求连接报文(SYN包),但是收到目的主机的同步确认信号(SYN ACK)后并不回应,使目的主机长期处于一种链接等待状态,不能响应其他用户的服务。对于 SYN Flooding 攻击,可以通过应用层报文过滤技术进行防御。

4) IP 地址欺骗

IP 地址欺骗指攻击者通过改变自己的 IP 地址,伪装成内部网用户或可信任的外部网用户,发送特定的报文,以扰乱正常的网络数据传输;或者是伪造一些可接受的路由报文来更改路由,以窃取信息。对于伪装成内部网用户的情况,可采用访问控制技术进行限制;对于外部网用户,可以通过应用层的身份认证方式进行限制。

8.4 网络道德及大学生网络行为规范

8.4.1 网络道德

所谓网络道德,是网民利用网络进行活动和交往时所应遵循的原则和规范,并在此基础上形成的新的伦理道德关系。可从以下3点来定义网络道德。

(1) 网络上的虚拟社会与现实社会是紧密相连的,在定义网络道德时,应明确凡是与网络相关的行为和观念都应纳入网络道德的范围,而并不仅仅限于是在网络中发生的活动。

(2) 网络道德既然属于道德的范畴,就应该突出其对人们活动和关系的调节作用。

(3) 起到调节规范作用的道德准则应涵盖道德价值观念和行为规范。

8.4.2 大学生网络行为规范

大学生网络行为规范有法律规范、纪律规范和道德规范。作为大学生,除了应自觉遵守网络行为规范,还应充分发挥网络行为规范的示范效应,引导和影响身边的网民。

1. 合法——网络行为的法律规范

大学生首先需要了解我国的网络法律规范,并以其作为自己行为的规范和约束。目前,我国有关规范网络行为的法律、法规主要有《中华人民共和国计算机信息网络国际联网管理暂行规定》、《全国人民代表大会常务委员会关于维护互联网安全的决定》、《互联网信息服务管理办法》、《互联网电子公告服务管理规定》、《互联网站从事登载新闻业务管理暂行规定》、《中国互联网络域名注册暂行管理办法》、《中国互联网络域名注册实施细则》、《中华人民共和国电信条例》等。

2. 遵纪——网络行为的纪律制度规范

大学生在进行网络行为时,应该遵循上网场所的有关规定,遵守公共场所的文明规范,不得大声喧哗、吵闹、影响安静有序的上网环境,听从网络管理人员的规劝和管理,服从国家关于网络法律法规的规范制约,维护网络安全和网络游戏秩序。

3. 守德——网络行为的道德伦理规范

大学生在进行网络行为时,还应该支持下列一般的道德和职业行为规范:为社会和人类做出贡献,避免伤害他人,要诚实可靠,要公正并且不采取歧视性行为,尊重包括版权和专利在内的财产权,尊重知识产权,尊重他人的隐私,保守秘密,倡导诚心、合理、文明、高尚的网络行为风气。

本 章 小 结

本章主要分 4 节分别介绍了信息安全基本知识、信息安全防御常用技术、计算机病毒及防治、网络道德及大学生网络行为规范。在信息安全基本知识中概述了信息安全的特征、网络信息安全的现状及网络信息系统安全防御的途径;在信息安全防御常用技术中概述了防火墙技术、认证技术、数据加密技术、访问控制技术等;在计算机病毒及防治一节中,概述了计算机病毒的基本知识、计算机病毒的防治、恶意软件的防治及黑客攻击的防治;最后对大学生提出了殷切的期望——规范自己的网络道德和网络行为。

高等学校计算机基础教育教材精选